全国药学、中药学类专业实验实训数字化课程建设

微生物学实验操作技术

WEISHENGWUXUE SHIYAN CAOZUO JISHU

（第2版）

主　编　刘　智　张　栋

手机扫描注册
观看操作视频
一书一码

北京科学技术出版社

图书在版编目（CIP）数据

微生物学实验操作技术/刘智，张栋主编．—2版．—北京：北京科学技术出版社，2019.6

全国药学、中药学类专业实验实训数字化课程建设

ISBN 978-7-5714-0324-9

Ⅰ.①微…　Ⅱ.①刘…②张…　Ⅲ.①微生物学－实验－高等职业教育－教材　Ⅳ.①Q93-33

中国版本图书馆 CIP 数据核字（2019）第 112286 号

微生物学实验操作技术

主　　编：刘　智　张　栋
策划编辑：曾小珍　张　田
责任编辑：张　洁　周　珊
责任校对：贾　荣
责任印制：李　茗
封面设计：铭轩堂
版式设计：崔刚工作室
出 版 人：曾庆宇
出版发行：北京科学技术出版社
社　　址：北京西直门南大街 16 号
邮政编码：100035
电话传真：0086-10-66135495（总编室）
　　　　　0086-10-66113227（发行部）　0086-10-66161952（发行部传真）
电子信箱：bjkj@bjkjpress.com
网　　址：www.bkydw.cn
经　　销：新华书店
印　　刷：河北鑫兆源印刷有限公司
开　　本：787mm×1092mm　　1/16
字　　数：217 千字
印　　张：8.5
版　　次：2019 年 6 月第 2 版
印　　次：2019 年 6 月第 1 次印刷
ISBN 978-7-5714-0324-9/Q·170

定　　价：45.00 元

全国药学、中药学类专业实验实训数字化课程建设

总 主 编

张大方

长春中医药大学、东北师范大学人文学院　教授

方成武

安徽中医药大学　教授

张彦文

天津医学高等专科学校　教授

张立祥

山东中医药高等专科学校　教授

周美启

亳州职业技术学院　教授

朱俊义

通化师范学院　教授

马　波

安徽中医药高等专科学校　教授

张震云

山西药科职业学院　教授

编者名单

主　编　刘　智　张　栋

副主编　陈　莉　康　曼　沈　鹏

编　者　（以姓氏笔画为序）

王迪涵（东北师范大学人文学院）

牛四坤（山西药科职业学院）

史文婷（长春中医药大学）

朴喜航（长春中医药大学）

刘　智（长春中医药大学）

刘小熙（东北师范大学人文学院）

杨修军（吉林省疾病预防控制中心）

沈　鹏（通化师范学院）

张　栋（东北师范大学人文学院）

张玉昆（黑龙江中医药大学）

陈　莉（山东中医药高等专科学校）

贾芙蓉（中国人民解放军第二〇八医院检验科）

黄　鑫（吉林省疾病预防控制中心）

康　曼（桂林医学院）

总前言

为贯彻教育部有关高校实验教学改革的要求,即"注重增强学生实践能力,培育工匠精神,践行知行合一,多为学生提供动手机会,提高解决实际问题的能力",满足培养应用型人才的迫切需求,我们组织全国 20 余所院校的优秀教师、行业专家启动了"全国药学、中药学类专业实验实训数字化课程建设"项目。

本套教材以基本技能与方法为主线,归纳每门课程的共性技术,以制定规范化操作为重点,将典型实验实训项目引入课程之中,这是本套教材改革创新点之一;将不同课程的重点内容纳入综合性实验与设计性实验,培养学生独立工作的能力与综合运用知识的能力,体现了"传承有特色,创新有基础,服务有能力"的人才培养要求,这是本套教材改革创新点之二;在专业课实验实训中设置了企业生产流程、在基础课中设置了科学研究案例,注重课堂教学与生产、科研相结合,提高人才培养质量,改变了以往学校学习与实际应用脱节的现象,这是本套教材改革创新点之三;注重培养学生综合素质,结合每门课程的特点,将实验实训中的应急处置纳入教材内容之中,提高学生的专业安全知识水平与应用能力,将实验实训后的清理工作与废弃物的处理列入章节,增强学生的责任意识与环保意识,这是本套教材改革创新点之四。

该系列实验教材,经过 3 年的使用,反响很好,解决了以往教与学的关键问题,同时也发现有些实验需进一步规范化、有些实验内容需进一步优化。在此基础上,我们开展了对纸质教材配套视频的摄制工作。将纸质教材与教学视频相结合,将更有利于突出实验的可视性,使不同学校充分利用这一教学资源,提高教学质量,这是本教材的又一特点。

教学改革是一项长期的任务,尤其是实验实训教学,更需要在实践中不断探索。对本套教材编写中可能存在的缺点与不足,恳请各位读者在使用过程中提出宝贵意见和建议,以期不断完善。

张大方

2019 年 2 月

前　言

　　《微生物学实验操作技术》(第 2 版)依据国家生物安全管理条例、微生物限量检验标准，以及药学、中药学等专业教学计划与教学大纲编写而成，为"全国药学、中药学类专业实验实训数字化课程建设"项目之一。本教材以基本技能和基本方法为主线，突出规范化操作与实验中的注意事项，注重动手能力与科学思维的培养，适用于药学、中药学、制药工程类等专业的学生，并可作为中医药工作者研究和工作的参考书。

　　全书分为上、中、下三篇。上篇为基本技术及实验项目训练，包括微生物学实验操作安全与防护常识、微生物学实验基本技术、常见病原微生物学实验、药物微生物学检查、中药体外抗菌实验，共 5 章。各章内容紧紧围绕学生开展微生物学实验必备的基本知识、基本技能、基本方法，深入浅出地加以阐述，并注重培养学生对微生物性状特异性的学习和甄别，选取典型和具有代表性的实验内容，强调实验操作的规范性、指导性和实验内容的科学性。每章都有标准化、规范化操作方法介绍，以培养基本实验技能为目的，突出实际操作。

　　中篇为综合性与设计性实验，通过土壤中抗生素产生菌的分离实验，让学生学会通过多种方法进行菌落的分离培养；通过对粪便标本中肠道杆菌的分离鉴定方法的介绍，让学生学会设计分离细菌及进行细菌鉴定，从而培养学生综合分析和独立完成本课程实验设计的能力。

　　下篇为实践与研究，为生产与课堂、教学与科研的衔接点。本篇提供疾病预防控制中心微生物检验所进行食品(保健食品)中微生物含量及限量检测的方法及相关资料，学生可根据实际工作中的规定，模拟制定一种物质中微生物含量的检测方法，通过实验熟悉国家标准中微生物限量检验方法的基本内容。

　　附录部分收录了实验报告书写规范与原则、常用溶液的配制、常用培养基的配制、常用染色液的配制、常用菌种的保藏方法及部分国内外菌种保藏机构名称与缩写，供学生在学习和工作中参考。

　　本教材在编写过程中，得到了北京科学技术出版社及各参编院校的大力支持和帮助，借鉴了部分食品、药品检验机构及各参编院校的微生物学教学经验及成果，在此一并表示衷心的感谢。

　　为了进一步提高本书的质量，以供再版时修改，我们诚恳地希望各位读者、专家提出宝贵意见。

编　者

2019 年 3 月

目　录

上篇　微生物学实验基本技术及实验项目训练

中篇　综合性与设计性实验

下篇　实践与研究

上 篇

微生物学实验基本技术及
实验项目训练

第一章 微生物学实验操作安全与防护常识

第一节 生物安全知识

在微生物学实验与研究工作中,处理病原微生物(如细菌、病毒、真菌等)及其代谢产物时,工作人员受到感染的情况时有发生。据统计,从事病原微生物研究的工作人员发生实验室感染的概率较普通人群高 5～7 倍。实验室感染事件不仅损害实验室工作人员的健康,也可能造成疾病的流行,危及群众的健康和生命安全,因此必须高度重视。

一、基本概念和术语

1. **生物危害** 广义的生物危害是指各种生物因子(biological agents)对人、环境和社会造成的危害或潜在危害。狭义的生物危害是指实验室进行感染性致病因子的科学研究过程对实验室人员造成的危害和对环境的污染。

2. **生物安全** 生物安全(biosafety)是指避免危险生物因子造成实验室人员暴露,向实验室外扩散并导致危害的综合措施。生物安全是与生物危害相对应的一个概念,其与危险评价密切相关。生物安全贯穿于实验的整个过程,从取样开始到所有潜在危险材料被处理。生物安全面临的对象主要包括实验者本人、操作对象(如动物)、实验者周边的人和环境。

3. **实验室生物安全** 实验室生物安全是指以实验室为研究场所时,避免危险生物因子造成实验室人员暴露、向实验室外扩散并导致危害的综合措施。

4. **危险废弃物** 危险废弃物是指列入国家危险废物名录或根据国家规定的危险废物鉴定标准和鉴定方法认定的具有危害特性的废物。危害特性是指腐蚀性、急性毒性、浸出毒性、反应性和污染性等。

5. **气溶胶** 气溶胶是指悬浮于气体介质中、粒径一般为 $0.001\sim100\mu m$ 的固态或液态微小粒子形成的相对稳定的分散体系。其中的气体介质称为连续相,通常为空气;微粒(particles)称为分散相,其成分复杂,大小不一,粒径一般为 $0.001\sim10\mu m$,是气溶胶研究的对象。微粒为液体的称为液体气溶胶。

二、生物安全风险评估

生物安全工作的前提和核心是风险评估。微生物风险评估是指对实验微生物及其产物可能给人或环境带来的危害进行评估。在建设使用有传染性或有潜在传染性材料的实验室前,必须进行微生物危害评估。根据微生物危害评估结果,确定微生物应在相应级别的生物安全防护实验室中进行操作,并制定相应的操作规程、实验室管理制度和紧急事故处理办法,必须形成书面文件并严格遵守执行。要进行微生物的风险评估必须了解微生物的危险等级。根据微生物及其活性物质对个体和群体的危害程度,将其分为 4 类(国际分类),具体划分如下。

第一类,低个体危害,低群体危害。不太可能给人类、动植物带来疾病的微生物。

第二类,中等个体危害,有限群体危害。可能给人类、动植物带来疾病,但是对实验室工作人员与环境的危害不大。实验室暴露可能会带来感染,但是可以得到有效的处理和预防,传染的危险有限。

第三类,高个体危害,低群体危害。高危险的病原微生物,能给人类和动植物带来严重疾病,且会给实验室工作人员及环境带来较大危害,但是通常能够找到有效的预防措施和处理方法。

第四类,高个体危害,高群体危害。能给人类和动植物带来严重的疾病,且会给实验室工作人员及环境带来较大危害,不能找到有效的预防措施和处理方法。

所有微生物学实验室进行微生物学实验研究必须进行生物安全评估,具体评估办法应按照中华人民共和国国家标准《实验室生物安全通用要求》严格实行。生物安全风险评估可帮助操作者正确选择生物安全水平(设施、设备和操作),评估职业性疾病风险,制定相应的操作程序与管理规程,采取相应的安全防护措施,减少危险性事件的发生。

三、生物安全防护对策

微生物学实验室中接触的病原微生物种类日益繁多,其危险程度也不一致,如果对于危险性较大的微生物放松了警惕,就有可能造成严重的感染事故。

生物安全防护对策主要包括实验室物理防护、实验室操作技术以及实验室管理等方面的内容。

1. 物理防护对策　　物理防护原则是避免操作人员和微生物直接接触。

(1)将传染因子的操作置于一个密闭的、负压状态的工作环境中,在实际工作中可以使用各种级别的生物安全柜进行防护。

(2)操作箱内的空气在排放前进行净化处理,其净化方法多种多样,如紫外线消毒、电加热灭菌、火烧、高效过滤器过滤等。

(3)实验室内的污物、污水等在送出实验室之前进行彻底灭活消毒,可以采用物理方法和化学方法进行。

2. 实验室操作技术对策　　研究发现,在测试的 276 种实验室操作中有 239 种操作可以产生微生物气溶胶,操作方法不当或器材使用不当都可以导致微生物气溶胶的产生。综合研究几种操作方法,比较结果如下。

(1)用玻璃棒接种光滑的琼脂平面比用接种环接种粗糙的琼脂平面所产生的气溶胶少 99%。

(2)用冷接种环蘸菌液比用热接种环蘸菌液所产生的气溶胶少 90%。

(3)使菌液依靠重力由吸管中流出比用吹出所产生的气溶胶少 67%。

(4)菌液滴落在浸有消毒液的毛巾上比滴落在硬桌面上所产生的气溶胶少 90%。

(5)将针头从盖有橡皮塞的瓶中抽出时,用酒精棉球围住瓶口比不用酒精棉球围住瓶口时所产生的气溶胶少 99%。

由此可见,在实验中如能选用合适的器材及恰当的操作方法,并严格遵照微生物学标准操作规程进行操作,即可大大减少微生物气溶胶的产生,降低其危害性。

3. 实验室规范化管理　实验室规范化管理是落实国家安全管理法律法规的基本保证,而实验室的生物安全防护水平分级则是实现规范管理的前提条件。根据实验室所操作的生物因子的危害程度和实验室的设计特点、建筑结构和屏障设施等防护措施,将生物安全实验室划分为 4 级,一级和二级生物安全实验室又称为基础实验室,三级和四级生物安全实验室分别称为屏障实验室和高级屏障实验室。每个级别的实验室都应该建立切实可行的实验室生物安全管理规章制度,具体原则如下。

(1)建立实验室准入制度。二级及以上级别的生物安全防护实验室应张贴醒目的国际通用的生物危害标志,并标明实验室生物安全级别,出口处应有发光标志;严格控制非实验室人员进入实验室,非实验人员只有经过审批且在相关人员陪同下,方可进入实验室工作区域。

(2)人员培训制度。明确并强化实验室主任和所有实验室工作人员的责任和能力,组织成立培训机构,承担实验室人员的生物安全培训工作。良好的专业训练和技术能力对保障实验室生物安全具有重要作用。

(3)仪器设备管理制度。实验室的仪器设备由实验室主任宏观管理;仪器设备的登记建档、账目管理、定期维护、报废等工作由专人负责,严格按要求建立技术档案;大型仪器设备则实行专人操作使用和培训使用两种方式,或由专人经过培训后操作使用。

第二节　实验室安全知识

在实验室中,除了有害物理化学因素可能对实验人员和环境造成伤害外,实验室安全也是应该注意的问题。在进行实验时,实验人员经常与毒性很强、有腐蚀性、易燃烧和具有爆炸性的化学药品直接接触,常常使用易碎的玻璃和瓷质器皿,以及在煤气、水、电等高温电热设备环境下进行紧张而细致的工作,因此,必须十分重视安全工作。

一、实验室危险因素

在实验室进行实验活动时,任何一个环节不当,都可能造成实验室的意外事故。一般实验室危险因素有以下几种。

1. 自然因素　水、火、电等因素的危害,如不及时关闭水阀、切断电源、熄灭火种,可造成危害。

2. 微生物因素

(1)气溶胶。在实验室中,气溶胶的吸入是最危险,也是最容易发生的事故。离心、移液、超声波粉碎、研磨、搅拌或振荡混合、烧灼、容器开启等操作均可产生气溶胶。

(2)感染性标本或样品。各类感染性标本或样品的暴露易造成感染。

(3)意外损伤。各种锐器(如注射器、刀片、载玻片、盖玻片等)造成的刺伤、感染等。

3. 理化因素

(1) 紫外线的暴露。包括紫外线的长时间暴露和紫外线照射后产生的有毒气体等。

(2)有毒化学品和消毒剂的暴露。这类危险物质很多,造成的伤害也不同,如化学品的贮存、摆放不当及溢出等。

二、实验室安全措施

(一)个人和实验室安全的一般要求

(1)在实验工作区禁止吸烟。

(2)禁止在实验工作区放置食物、饮料等存在从手到口接触途径的物质,禁止用实验用冰箱储藏食物。

(3)处理腐蚀性或毒性物质时,必须使用安全镜、面罩或其他眼睛和面部防护用品。禁止使用隐形眼镜。

(4)在实验工作区应穿隔离服(白大衣),服装必须干净、整洁,且符合实验设备的要求。实验室工作人员必须穿长袖的隔离服,并将前扣扣紧。

(5)应穿着舒适、防滑,且能保护整个脚面的鞋。

(6)由实验工作区进入非污染区要洗手。接触污染物后要立即洗手。

(7)在使用苛性碱及腐蚀性化学物质的地方,应设有应急淋浴和冲洗眼睛的装置。

(8)实验室应指定清洁区和非清洁区。在清洁区内应定期对设备和工作台进行常规清洁和消毒,严重污染时应进行紧急处理。非清洁区内的所有物品均认为是非清洁的。实验台至少每天清洁 1 次。

(9)外衣的悬挂应与散热器、蒸气管道、供暖装置及有明火的地方保持一定的距离。

(10)出口和通道必须保持畅通无阻,在安全撤离线路中不可堆放垃圾及物品。安全门、防火门必须畅通无阻。

(二)水、电和火(燃气)的安全措施

1. 安全物质储备　为确保实验室水、电和火(燃气)的安全,应储备以下物质。

(1)急救箱,包括常用的和特殊的解毒剂,预防和治疗药物。

(2)干粉式灭火器。

(3)全套防护装备。

(4)房间消毒设备,如喷雾器和甲醛熏蒸器。

(5)常用工具。

(6)划分危险区域界限的器材和警告标志。

2. 实验室安全注意　进入实验室开始工作前应了解水阀门及电闸所在位置。离开实验室时,一定要将室内检查一遍,应将水、电和火(燃气)的开关关好,将门窗锁好。

3. 应对火灾的措施

(1)对实验工作人员定期进行火灾发生时的消防应急培训演练。在每个房间、走廊以及过道中设置显著的火警标志、说明及紧急通道标志。

(2)消除引起火灾的隐患。定期排查可能引起火灾的因素。在实验室中引起火灾的原因通常包括:超负荷用电;电器保养不良,如电缆的绝缘层破旧或损坏;供气管或电线过长;仪器设备在不使用时未关闭电源;使用不是专为实验室环境设计的仪器设备;明火使用不当;供气管老化锈蚀;易燃、易爆品处理及保存不当;不相容化学品没有正确隔离;在易燃物品和蒸气附近有能产生火花的设备;通风系统不当或不充分。

(3)消防器材应放置在靠近实验室的门边,以及走廊和过道的适当位置,包括软管、桶(用于装水和沙子)以及灭火器。灭火器要定期进行检查和维护,保证其在有效期内。

4. 消除电器安全隐患的措施

(1)所有电器设备都必须定期进行检查和测试,包括接地系统。实验室的所有电器均应接地,最好采用三相插头。所有电气设备和线路均必须符合国家电气安全标准和规范。

(2)严防触电(绝不可用湿手或在眼睛旁视时开关电闸和电器开关)。应用试电笔检查电器设备是否漏电,凡是漏电的仪器,一律不能使用。

(三)消除意外感染的办法及措施

1. **刺伤、切割伤或擦伤**　实验中常见的刺伤意外事故主要有:注射(注射液体抽取过程中、患者或动物突然移动时);废弃物处理(收拾实验污物);使用后、丢弃前损伤等。实验室中发生刺伤、切割伤或擦伤后,一般按照以下程序进行处理。

(1)立即停止工作。

(2)挤出伤口血液,立即用流水冲洗,并用消毒剂消毒处理。

(3)损伤发生后立即脱下防护服并进行消毒处理。

(4)观察并采取必要的预防治疗。

(5)记录受伤原因和相关的病原微生物,并保留医疗记录。

2. **感染性材料溢洒**　实验过程中遇到感染性材料溢洒时不要惊慌,按照正确方法处理即可。

(1)做好个人防护,戴手套,穿防护服,必要时戴眼罩和护目镜。

(2)用布或纸巾覆盖被感染性物质污染或受污染性物质溢洒的破碎物品。

(3)倒上消毒剂〔通常用 5% 漂白剂溶液(次氯酸钠)〕,由外向内进行处理,使其作用 30 分钟左右,将布、纸巾以及破碎物品清理掉(玻璃碎片应用镊子清理)。

(4)再用消毒剂擦拭污染区域。

(5)如果是容器破碎后污染物溢洒,应当对破碎物进行高压灭菌后放入有效的消毒液内浸泡,用于清理的抹布、纸巾等应放在盛放污染性废弃物的容器内。如果实验表格或其他打印或手写材料被污染,应先复制信息,然后将原件置于盛放污染性废弃物的容器内。

(6)对于高致病性病原微生物的包装,应严格按照要求,尽量使用不易破碎材料的容器,使用有螺旋口盖子的试管,并在运输前对包装的完好情况进行仔细检查。

(7)防护服受污染后,应立即局部消毒、手部消毒,脱掉污染防护服并进行消毒,换上新防护服并对现场进行消毒,空气受污染的应该对实验室进行紫外线消毒后通风。

(8)当引起皮肤黏膜污染时,实验人员应停止工作,消毒污染部位,用清水冲洗,然后对污染环境进行消毒处理,暴露人员需进行隔离观察。

3. **潜在感染性物质的误食**　常见的感染性物质误食原因:在实验室内进食,在实验室内喝水或饮料,手或笔直接接触口,污染物质喷洒入口,用口吸移液管取液,直接用口开启实验室设备等。

为预防误食感染性物质,应采取的措施包括:禁止在实验室进食,包括饮水;禁止在实验室冰箱中存放食物;禁止用口吸移液管取液;禁止用口直接开启有潜在感染物质的实验室设备。如发现误食感染性物质并出现相应症状,需立即停止工作。

(四)消除易燃液体的安全隐患的方法及措施

实验室经常使用可燃物,特别是易燃物,如乙醚、丙酮、乙醇、苯、金属钠等,使用中应特别小心,不要大量放在桌上,更不要放在靠近火焰处。只有在远离火源时,或将火焰熄灭后,才可大量倾倒易燃液体。低沸点的有机溶剂禁止在火上直接加热，只能在水浴上利用回流冷凝管加热或蒸馏。

(1)严禁在开口容器和密闭体系中用明火加热有机溶剂，只能使用加热套或水浴加热。

(2)废弃有机溶剂禁止倒入废液桶，只能倒入回收瓶，等待集中处理；量少时可用水稀释后排入下水道。禁止在干燥箱内存放、干燥、烘焙有机物。

(3)在有明火的实验台面上不允许放置瓶口敞开的有机溶剂或倾倒有机溶剂。

(4)如果不慎倾出了相当量的易燃液体，则应按下法处理。

1)应熄灭所有明火，关闭该房间及相邻区域的煤气，打开窗户(可能时)，并关闭可能产生电火花的电器。

2)避免吸入溢出物品所产生的蒸气，如果安全允许，启动排风设备。

3)疏散现场的闲杂人员，密切关注可能受到污染的人员。

4)属于危险化学品的，应立即通知有关安全责任人，及时向上级主管部门上报，请求派专业人员进行处理。尽量提供清理溢出物、倾出物的必要物品和有价值的信息。

第三节　实验安全防护常识

一、实验中的个人防护常识

实验中所用任何个人防护装备均应符合国家标准的要求，应注重个人防护装备的准备和使用。

1. 防护服　洁净的防护服应置于专用的存放处，离开实验室区域之前应该脱去防护服。

2. 手套　用过的手套不可重复利用，戴上手套后应完全遮住手和腕部。

3. 鞋　应选择舒适、鞋底防滑的鞋子。

二、实验基本常识

(1)使用干净玻璃仪器时，请勿使手指接触仪器内部，防止弄脏玻璃器皿，避免染菌。

(2)几乎所有微生物学实验都要求无菌操作，所以一定要避免高温灭菌时发生意外事件。

(3)量筒是量器，不要将量筒当作盛器。容量瓶的磨口玻璃塞不要盖错。带玻璃塞的仪器和玻璃瓶等，如果暂时不使用，要用纸条把瓶塞和瓶口隔开。

(4)取用微生物菌种和化学试剂后，需立即将装有微生物菌种的试管、平皿和装有化学试剂的瓶子盖上，装有微生物的试管和平皿在盖上之前应先进行消毒灭菌。

(5)洗净的仪器要放在架上或干净纱布上晾干，不能用抹布擦拭，更不能用抹布擦拭仪器内壁。

(6)微生物实验均应在超净工作台或生物安全柜内进行，且需在酒精灯火焰周围半径10cm的区域操作。

(7)分析天平、比色计、分光光度计、酸度计、冷冻离心机、层析设备等仪器，使用前应熟知使用方法，若有问题，随时向指导教师请教；使用时要严格遵守操作规程；发生故障时，应立即关闭仪器，并告知管理人员，不得擅自拆修。

三、实验中的消毒与灭菌防护

由于微生物与免疫学实验的特殊性,实验过程中需要进行消毒和灭菌。消毒是指杀死微生物的物理或化学手段,但不一定杀死其芽胞,而灭菌可以杀死和去除所有微生物及其芽胞。

灭菌方法包括化学方法和物理方法。化学方法一般指对于实验中地面、桌面、实验材料的消毒,主要使用乙醇、氯及氯化物(次氯酸钠、次氯酸钙)、甲醛等化学消毒剂;物理方法一般是指经过高温高压或射线等方法对玻璃器皿、实验材料等灭菌的方法,如煮沸、高压蒸汽灭菌、干热灭菌等方法。

进行微生物学实验前应先洗手,且需要用酒精棉球擦拭双手进行消毒。微生物学实验中使用的试管、培养皿、玻璃棒、烧杯、试管塞、纱布、棉花、玻璃涂布棒都需要提前进行灭菌。微生物学实验需要在酒精灯火焰旁操作,以免实验过程被杂菌污染。

四、实验中玻璃仪器防护及废液处理

实验中使用的玻璃仪器清洁与否,直接影响实验结果。仪器的不清洁或被污染往往会造成较大的实验误差,甚至会出现相反的实验结果。因此,玻璃仪器的洗涤清洁工作是非常重要的。

1. 初次使用的玻璃仪器的清洗　新购买的玻璃仪器表面常附着游离的碱性物质,可先用洗涤灵稀释液、肥皂水或去污粉等洗刷,再用自来水洗净,置于盐酸溶液中过夜(不少于 4 小时),再用自来水冲洗,最后用蒸馏水冲洗 2~3 次,在 80~100℃ 干燥箱内烘干备用。

2. 使用过的玻璃仪器的清洗

(1)一般玻璃仪器。如试管、烧杯、锥形瓶、量筒等,先用自来水洗刷至无污物,再选用大小合适的毛刷蘸取洗衣粉,仔细刷洗器皿内外,特别是内壁,用自来水冲洗干净后,蒸馏水冲洗 2~3 次,烤干或倒置在清洁处备用。凡洗净的玻璃器皿,不应在器壁上带有水珠,否则表示尚未洗干净,应再按上述方法重新洗涤。若发现内壁有难以去掉的污迹,应选用合适的洗涤剂予以清除,再重新冲洗。

(2)量器。如移液管、滴定管、容量瓶等,使用后应立即浸泡于凉水中,勿使物质干涸。工作完毕后用流水冲洗,去除附着的试剂、蛋白质等物质,晾干后浸泡在铬酸洗液中 4~6 小时,或过夜;再用自来水充分冲洗,最后用水冲洗 2~4 次,风干备用。

(3)其他。放置带有传染性的样品的容器,如被病毒、传染病患者的血清等污染过的容器,应先进行高压消毒,或以其他方法消毒后再进行清洗。盛过各种有毒药品,特别是剧毒药品和放射性同位素等物质的容器,必须经过专门处理,确认没有残余毒物存在后方可进行清洗。

3. 废液处理　实验培养基中的物质,特别是含有强酸和强碱的物质,不能直接倒在水槽中,应先稀释,然后倒入废液桶中。毒物应按规定办理审批手续后再领取使用,使用时严格按要求操作,用后要妥善处理。

第四节　实验中突发事件的处理

一、实验突发火灾处理

实验中一旦发生了火灾,切不可惊慌失措,应保持镇静。先立即切断室内一切火源和电

源,然后根据具体情况正确地进行抢救和灭火。以下介绍几种常用的方法。

(1)在可燃液体燃着时,应立即移走着火区域内的一切可燃物质,关闭通风器,防止扩大燃烧。若着火面积较小,可用抹布、湿布、沙土覆盖,隔绝空气,使之熄灭。但覆盖时动作要轻,避免碰坏或打翻盛有易燃溶剂的玻璃器皿,导致更多的溶剂流出,引起再次着火。

(2)乙醇及其他可溶于水的液体着火时,可用湿抹布或水及时灭火。

(3)汽油、乙醚、甲苯等有机溶剂着火时,应用石棉布或沙土扑灭。绝对不能用水,否则会扩大燃烧面积。

(4)电线着火时不能用水灭火,应切断电源后用干粉灭火器或防触电的水基灭火器扑灭。

(5)衣服燃烧时切忌奔走,可用衣服等包裹身体或在地上滚动以灭火。

(6)发生火灾时应注意保护现场。较大的着火事故应立即报警。若不慎受伤,应立即采取适当的急救措施。

二、病原微生物污染应急处理

(1)如果病原微生物泼溅在皮肤上,立即用 75% 乙醇或碘伏进行消毒,然后用清水冲洗。

(2)如果病原微生物泼溅在眼内,立即用生理盐水或洗眼液冲洗,然后用清水冲洗。

(3)如果病原微生物泼溅在衣服、鞋帽或实验室桌面、地面上,立即用 75% 乙醇、碘伏、0.2%~0.5% 的过氧乙酸、500~10000mg/L 有效氯消毒液等进行消毒。

(4)如果潜在感染性物质溢出,立即用布或纸巾覆盖,由外围向中心倾倒消毒剂,一定时间(约 30 分钟)后,清除污染物品,再用消毒剂擦拭。所有操作须佩戴乳胶手套进行。

三、实验中其他突发事件的处理

(1)玻璃割伤及其他机械损伤,首先必须检查伤口内有无玻璃或金属等碎片,然后用硼酸水洗净,再擦碘伏,必要时用纱布包扎。若伤口较大或过深而大量出血,应迅速在伤口上部和下部扎紧血管止血,并立即到医院诊治。

(2)微生物学实验中加热培养基时可能发生烫伤,应立即用冷水或冰水浸泡,冲洗烫伤或灼伤部位,再用乙醇消毒。如果受伤的部位不能包扎,应采用暴露法,使创面干燥,减少感染的机会。如果伤处轻度红肿,无水疱、疼痛明显,属于一级灼伤,可用橄榄油或用棉花沾乙醇敷盖伤处;若皮肤起疱,属于二级灼伤,不要弄破水疱,防止感染;如果伤处皮肤呈棕色或黑色,属于三级灼伤,应用干燥而无菌的消毒纱布轻轻包扎好,急送医院治疗。

(3)在实验过程中,如强碱溶液(氢氧化钠、氢氧化钾、钠、钾等)触及皮肤而引起灼伤时,要先用大量自来水冲洗,再用 5% 乙酸溶液涂洗。

(4)在实验过程中使用强酸溶液,操作必须极为小心,防止溅出。用移液管量取这些试剂时,必须使用橡皮球,绝对不能用口吸取。若不慎溅在实验台或地面上,必须及时用湿抹布擦洗干净。如果触及皮肤,应立即用大量自来水冲洗,再用 2% 硼酸溶液清洗。

(5)汞容易由呼吸道进入人体,也可以经皮肤直接吸收而引起蓄积性中毒。严重中毒的征象是口中有金属味。若不慎汞中毒,应立即送往医院急救。急性中毒时,通常用炭粉或呕吐剂彻底洗胃,或者口服蛋白,如 1 升牛奶加 3 个鸡蛋清,或蓖麻油解毒并催吐。

(王迪涵　刘　智)

第二章

微生物学实验基本技术

第一节　微生物学常用仪器及使用注意

微生物学实验室是生物学领域的一个基本实验室。一般来说,一个完备的微生物学实验室应该配置的仪器有:恒温培养箱、真菌培养箱、生化培养箱、超净工作台、高压灭菌器、烘干箱、电炉、分析天平、普通天平、磁力搅拌器、水浴锅、摇床、离心机、低温保存箱、移液器、pH计、分光光度计、光学显微镜、扫描显微镜等。

一、灭菌器

(一)高压蒸汽灭菌锅

1. **构造及原理**　高压蒸汽灭菌用途广、效率高,是微生物学实验中必不可少的灭菌方法。高压蒸汽灭菌锅是利用压力饱和蒸汽对物品(如普通培养基、衣服、纱布、玻璃器材等)进行迅速而可靠的消毒灭菌的设备。

高压蒸汽灭菌锅为双层的金属圆筒,两层之间盛水。外层为坚厚的金属板,其上有金属厚盖,盖旁有螺旋,借以扣紧厚盖,厚盖与锅体之间为密封圈,使蒸汽不能外溢。其工作原理是水的沸点会随着蒸汽压力的升高而升高。将待灭菌的物品放入高压蒸汽灭菌锅内,加热后,随着锅内蒸汽压力的升高,其温度也相应增高。当蒸汽压力达到 $1.05kg/cm^2$ 时,水蒸气的温度升高到121℃,经过15～30分钟,可使菌体蛋白质凝固变性,从而达到杀灭锅内物品上的各种微生物和它们的孢子或芽胞的目的。

2. **使用方法**

(1)开盖。转动手轮数圈,直至转动到顶,使锅盖充分提起,推开横梁,移开锅盖。

(2)通电。接通电源,控制面板上的低水位灯亮起,表明锅内为断水状态。

(3)加水。将蒸馏水直接注入锅内,同时观察控制面板上的水位灯,当加水至低水位灯灭,高水位灯亮时停止。

(4)放样。将待灭菌物品、仪器堆放在灭菌筐内,各包之间留有间隙,有利于蒸汽穿透,提高灭菌效果。

高压蒸汽灭菌锅的使用

(5)密封。把横梁推向左立柱内,横梁必须全部推入立柱槽内,手动保险销自动下落锁住横梁,旋紧锅盖。

(6)加热。设定温度和时间,按开始键,仪器进入工作状态,开始加热升温。

(7)灭菌结束后,关闭电源,待压力表指针回落至零位后,开启安全阀或排汽排水总阀,放净灭菌锅内余气。

3. 注意事项

(1)将待灭菌物品放入锅内之前,一定要先检查锅内水位,观察控制面板上的工作灯和水位灯的显示情况,显示低水位时应先向锅内加水。

(2)灭菌锅内装入物品的总量不能超过总容量的 85%,否则不能达到灭菌的目的。物品和物品之间应留有一定空隙。

(3)为液体灭菌时,应将液体装在硬质的耐热玻璃瓶中,以体积不超过 3/4 为好。

(4)高压灭菌完毕后,须待灭菌器内压力自然降至零位时,才可打开排气阀,否则锅内压力突然下降,容器内的培养基会由于内外压力不平衡而冲出烧瓶口或试管口,造成棉塞沾染培养基而发生污染。

(5)灭菌锅橡胶塞封垫使用时间长了会老化,应定期更换。

(6)不要在灭菌过程中或刚灭菌完毕时接触锅体、锅盖等,以免烫伤。

(二)电热恒温干燥箱

1. 构造及原理 电热恒温干燥箱俗称烘箱或干燥箱,主要由箱体、电热器和温度控制器 3 个部分组成。干燥箱内的温度是由温度控制器控制的,其基本原理是当恒温箱内的温度超过设定温度时,温度控制器自动使电路中断,停止加热;当温度低于设定温度时,电路又连接上,温度上升,从而达到恒温效果。玻璃器材、金属器械等(手术器械及针头除外)耐高温且需要干燥的物品,可用此法灭菌。

2. 使用方法

(1)打开电源,设置灭菌温度。

(2)将包好的待灭菌物品(培养皿、试管、吸管等)放入电热干燥箱(注意物品间留有一定的间隙),关好箱门。

(3)开始加热。

(4)当温度升到 160～170℃时,借温度控制器的自动控制,保持此温度 2 小时。

(5)切断电源,冷却至 70℃时,打开箱门,取出灭菌物品。

3. 注意事项

(1)灭菌温度不要超过 180℃,否则棉花及纸等易燃品将被烧焦,甚至出现安全事故。

(2)灭菌后应待干燥箱内温度下降至 70℃左右时,方可打开箱门,否则冷空气突然进入,可能导致玻璃器材炸裂。

(3)箱内放置物品不宜过多、过紧,否则灭菌效果将明显下降。

(4)箱体的底部不能放置任何物体,否则会阻碍热量的传递。

(5)取放样品时应戴上布手套,以免烫伤双手。

(6)工作完毕后,立即切断电源。

二、显微镜

(一)普通光学显微镜

1. 构造及原理 细菌等微生物由于形体微小、结构简单,肉眼不能察见,需以显微镜放大几百甚至上千倍方能看清。显微镜的基本结构包括光学系统和机械部件。光学系统包括不同倍数物镜、目镜以及由聚光镜和反光镜组成的照明装置。机械部件主要包括调焦系统、载物台和物镜转换器等运动部件,以及底座、镜臂、镜筒等支撑部件。

普通光学显微镜利用物镜和目镜两组透镜来放大成像。采用普通光学显微镜观察标本时,标本先被物镜第一次放大,再被目镜第二次放大。显微镜放大倍数是放大物像与原物体的大小之比,因此,显微镜的放大倍数(V)是物镜放大倍数(V_1)和目镜放大倍数(V_2)的乘积,即:

$$V = V_1 \times V_2$$

2.使用方法

(1)显微镜置于平整的实验台上,镜座距实验台边缘约 7cm。

(2)观察时,应先从低倍镜开始,把镜筒粗调至一定高度。

(3)将标本安放在载物台上,用标本夹夹住,移动推进器,使观察对象处在低倍镜的正下方。

(4)再将低倍镜下端降至快接触到标本的位置。

(5)眼睛放在目镜上方的眼点处,先用粗调节器慢慢升起镜筒。

(6)将高倍镜移至工作位置,无须重新调焦,如此才可看到物像,观察时调节细调节器,使物像清晰,仔细观察并记录。

(7)在低倍镜或高倍镜下找到要观察的样品区域后,用粗调器将镜筒升高约 2cm,然后在待观察区域加 1~2 滴香柏油,将油镜转到工作位置,从侧面注视,用粗调节器将镜筒小心地降下,使油镜浸在镜油中并几乎与标本相接,用粗调节器将镜筒徐徐上升,直至视野中出现物像,用细调节器调至物像清晰为止。

(8)用油镜时,需滴 1 滴香柏油在标本上,将镜筒粗调至油滴上,再微调,直至看到物像。

(9)使用后用擦镜纸擦去镜头上的香柏油,然后用擦镜纸沾少许二甲苯擦去镜头上残留的油迹,然后再用干净的擦镜纸擦去残留的二甲苯。

(10)将各部分还原,反光镜垂直于镜座,将物镜转成"八"字形,再向下旋,放入柜中。

3.注意事项

(1)取放方法要正确,防止目镜、反光镜下滑而损坏。

(2)注意保护镜头。镜头脏了只能沾一点二甲苯顺着一个方向擦,防止镜头开胶,镜片脱落。

(3)粗、细螺旋的使用要正确。防止镜筒下降时砸坏物镜和玻片。

(4)使用转换器,不要手指扳着物镜,防止镜头松动,改变焦距,影响观察的清晰度。

(二)荧光显微镜

1.构造及原理　荧光显微镜的光源能发射丰富的紫外光和紫蓝光,常用 150~200W 高压汞灯。激发滤光片装于光源与聚光器之间,可选择性使紫外光及紫蓝光通过,而激发荧光素发出荧光;吸收滤光片装于物镜与目镜之间,可吸收紫外光及紫蓝光,仅让荧光通过,保护眼睛且便于观察标本。

2.使用方法

(1)将荧光显微镜置于暗室,开启光源,待光源稳定并达到一定亮度(5~10 分钟)后,对准光轴。

(2)装好配对的激发滤光片和吸收滤光片后,再进行观察。余操作同普通显微镜。

(3)若观察时间较长,应使用电扇等散热设备。

3. 注意事项

(1)如用高压汞灯做光源,使用时一经开启就不宜中断,断电后需待汞灯冷却后(约15分钟)再启动。

(2)观察标本的时间不宜太长,因标本在高压汞灯下照射超过3分钟,即有荧光减弱现象。

三、超净工作台

1. 构造及原理　超净工作台是为了适应现代化工业、光电产业、生物制药以及科研实验等领域对局部工作区域洁净度的需求而设计的。其工作原理为通过风机将空气吸入预过滤器,经由静压箱进入高效过滤器过滤,将过滤后的空气以垂直或水平气流的状态送出,使操作区域达到百级洁净度,保证生产或实验操作对环境洁净度的要求。

超净工作台根据气流的方向分为垂直流超净工作台(vertical flow clean bench)和水平流超净工作台(horizontal flow clean bench),根据操作结构分为单边操作及双边操作两种形式,按其用途又可分为普通超净工作台和生物(医药)超净工作台。其构造主要有电器部分、送风机、三级过滤器(初、中、高)及紫外灯等。

2. 使用方法

(1)接通电源。首先应将电源插入插座,打开整个超净工作台的总开关,可以看到按钮面板上的电源指示灯亮,表示电源处于接通状态。

(2)清理台面。拉下工作台前面的玻璃挡板,并关严。找到按键板,开启紫外灯管进行杀菌,一般照射30分钟即可。

(3)开启风机和照明系统开始实验。紫外杀菌结束前应先开启风机,再关闭紫外灯,最后掀起玻璃挡板开始实验。

(4)整个实验过程中,实验人员应按照无菌操作规程操作,同时应注意保持室内整洁。

(5)实验结束后,用消毒液擦拭工作台面,关闭工作电源,重新开启紫外灯照射15分钟。

3. 注意事项

(1)超净工作台一般宜安装在避免日光直射、清洁无尘的房间内。若能放在无菌操作区内则更佳,不仅效果好,而且滤器(料)的使用寿命更长。

(2)久未使用的工作台在使用前应进行彻底清洗、消毒灭菌。用75%乙醇擦洗台面。

(3)净化工作台内不应放置与细胞培养无关的其他用品,更不能用作储存室。

(4)不设在无菌操作区内经常使用的净化台,要注意过滤器的效果。一般2~3年更换1次,3~6个月拆下清洗1次,以保持过滤器的净化效果。

四、电子天平

1. 构造及原理　与传统的利用杠杆原理进行称量的机械天平不同,电子天平采用高精度的应变式传感器以及电磁力平衡原理进行称重测力,采用微机作为数据处理部件,以液晶显示面板显示被称物品重量,具有称量准确可靠、操作简单、显示快速清晰并且具有自动检测系统、简便的自动校准装置以及超载保护等装置。电子天平按精度可分为超微量电子天平、微量电子天平、半微量电子天平、常量电子天平、精密电子天平等。

2．使用方法

(1)接通电源开关,预热 30 分钟。

(2)打开开始键,仪器自检后,面板上出现 0.0000 克读数时说明仪器处于备用状态。

(3)放入称量纸或容器后调零。

(4)放置样品进行称量,天平稳定后的读数为样品重量。

(5)断开电源。

(6)完毕后小心清扫散落的残余试剂,关好天平门,罩好外罩。

3．注意事项

(1)将天平置于稳定的工作台上,避免振动、气流及阳光照射。

(2)电子天平使用前应按说明书的要求进行预热。

(3)称量易挥发和具有腐蚀性的物品时,要盛放在密闭的容器中,以免腐蚀和损坏电子天平。

(4)经常对电子天平进行自校或定期外校,保证其处于最佳状态。

(5)电子天平出现故障时应及时检修,不可使其带"病"工作。

(6)不可过载使用,以免损坏天平。电子天平长期不用时应妥善收藏。

五、离心机

1．构造及原理　离心机是实验室中最常用的设备之一。离心机是分离或纯化细胞、病毒、蛋白质、核酸和酶等的最方便、最有效的工具。离心分离技术是利用离心机转子高速旋转产生的强大的离心力,在离心力场的作用下,加速悬浮液中固体颗粒沉降或漂浮的速度,把样品中不同沉降系数和浮力密度的物质分开,从而将不同的物质分离。

离心机分为低速离心机、高速离心机、超速离心机。低速离心机转速在 10000r/min 以内或相对离心力在 $15000 \times g$ 以内。高速离心机转速在 $10000 \sim 30000$r/min 或相对离心力为 $(15000 \sim 70000) \times g$。超速离心机转速在 30000r/min 以上或相对离心力在 $70000 \times g$ 以上。

2．使用方法

(1)离心机应放置在水平坚固的地板或平台上,并力求使机器处于水平位置,以免离心时造成机器震动。

(2)打开电源开关,按要求装上所需的转头,将预先以托盘天平平衡好的样品放置于转头样品架上(离心筒须与样品同时平衡),关闭机盖。

(3)按功能选择键,设置各项要求,温度、速度、时间、加速度及减速度等,带电脑控制的机器还需按储存键,以便记忆输入的各项信息。

(4)按启动键,离心机将执行上述参数进行运作,到预定时间自动关机。

(5)待离心机完全停止转动后打开机盖,取出离心样品,用柔软干净的布擦净转头和机腔内壁,待离心机腔内温度与室温平衡后方可盖上机盖。

3．注意事项

(1)洗净离心管,检查离心管,确保离心管完整不漏。

(2)待离心的物质装入离心管的量不应超过离心内套管体积的 2/3。

(3)将一对离心管放在天平上,调节离心管内容物的量,使其平衡。

(4)离心结束后,一定要待离心机停止运转后,再打开离心机盖,取出离心管。严禁用手强行使离心机停止转动。

六、普通冰箱

1. **构造及原理**　普通冰箱是实验室最常用的仪器之一,在微生物学实验室中,是用于短时保存培养基、菌(毒)种、血清以及检验标本等的一种制冷设备。冷藏室温度一般可维持在0～5℃,冷冻室内温度可达−20℃。

冰箱由箱体、制冷系统、控制系统和附件构成。制冷系统主要由压缩机、冷凝器、蒸发器和毛细管节流器4个部分组成,为一个封闭的循环系统。系统里充灌了CF_2Cl_2(国际符号R12)作为制冷剂。R12在蒸发器里由低压液体汽化为气体,吸收冰箱内的热量,使箱内温度降低。冰箱利用电能做功,借助制冷剂R12的物态变化,把箱内蒸发器周围的热量运送到箱后冷凝器里放出去,以达到制冷目的。当箱内温度降至设定温度时,温度控制器启动通电器,切断电路,停止工作。

2. **注意事项**

(1)冰箱应放于通风处,不受日光照射,远离热源(电炉、暖气等),以免影响散热,冰箱背面离墙10cm以上,使空气畅通,以利于散热。

(2)应尽量减少开门次数,箱内物品间应留有空隙,需冷冻保存者应置于冰盒内。

(3)热物品应冷却至室温,再放入箱内。

(4)蒸发器上结霜不宜过厚,冰霜过厚应及时化霜,以免影响热的传导。

(5)冰箱应保持内外整洁。

七、超低温冰箱

1. **构造及原理**　普通家用冰箱制冷一般最低仅可达到−20℃左右,仅可用于要求不高的物品,如液体培养基、诊断血清等的短时保存。但是微生物学实验中很多情况下的保存条件较高,如菌株或细胞、各种标本的长时间保存,普通家用冰箱不能满足要求,常需要制冷温度更低的保存设备,所以微生物学实验室(也包括其他很多实验室如分子生物学实验室、细胞生物学实验室等)常需配备超低温冰箱。

超低温冰箱一般采用二级制冷方式,第一级的制冷剂为R12,第二级的制冷剂为R503和R290的混合体。接通电源时,当面板显示温度比设定的温度高时,第一级压缩机首先启动,第一级制冷系统开始工作,使得第二级制冷系统的冷凝器温度下降,即第二级的制冷剂温度下降。经过几分钟的延时后,第二级制冷系统也开始工作,它的冷凝器放出的热量全部由第一级制冷系统的蒸发器吸收,第一级冷凝器放出的热量散入空气中,当冰箱内部温度达到设定的温度后,感温探头电阻传出信息,控制继电器失电断开,两级制冷系统全部停止工作。当冰箱内温度升高,超出设定的温度,冰箱再次重复上述动作,从而使冰箱内温度始终保持在设定的温度。

2. **注意事项**

(1)冰箱放置要求。冰箱后面板离墙壁需在30cm以上,两侧离其他物体距离也应在30cm以上,以利冰箱散热。

(2)夏季温度高时,房间内应有降温设备,否则冰箱将长时间工作,从而缩短使用寿命。

(3)标本须成批存入,尽量减少开箱次数,取放标本时动作应迅速,需戴防冻手套,以免冻伤。

(4)按分配的区域存放标本,每半年或一年进行一次冰箱清理及除霜,将不用或废弃标本及时处理掉。

(5)冰箱内所存物品不能过于拥挤,以免影响制冷效果。

(6)发现冰箱运转不正常时应及时告知仪器管理人员。

八、液氮罐

1. 构造及原理　液氮罐为合金制成的储存液氮的容器,具有良好的隔热性能,可避免液氮在短时间内汽化,从而使罐内较长时间地保持在低温状态(−196℃)。液氮罐主要用于组织细胞、菌种、病毒及生物制品等的长期保存。

2. 注意事项

(1)液氮罐应专人管理、专人负责。

(2)定时补充液氮。

(3)保存标本、毒株或细胞等时必须按分区存放,并及时登记。

(4)自液氮中取出物品时,必须做好其他准备再开罐取物,取用完毕应及时登记。

九、恒温培养箱

1. 构造及原理　结构因种类不同而异,常用水浴加温,有的是以热空气加温。培养箱的温度是依靠温度调节器来维持的,温度调节器有各种类型,如定温膨胀温度调节器、双合金式温度调节器和水银式温度调节器,基本原理同电热恒温干燥箱。在大型实验室可设恒温室。恒温培养箱常用于人工细菌培养、组织培养。一般情况下,病原微生物培养以 36～37℃为最适宜。

2. 注意事项

(1)培养箱外壳必须有效接地,以保证使用安全。

(2)培养箱应放置在具有良好通风条件的室内,周围不可放置易燃易爆物品。

(3)箱内物品放置切勿过挤,必须留出空间。

(4)箱内外应每日保持清洁,每次使用完毕应当进行清洁。长期不用应盖好塑料防尘罩,放在干燥室内。

十、二氧化碳培养箱

二氧化碳(CO_2)培养箱种类繁多,其核心部分是 CO_2 调节器、温度调节器及湿度调节装置。一般温度调节范围为室温至 50℃;湿度在 95% 以上,CO_2控制范围为 0～20%,当空气进入箱内后,通过能产生水汽的含水托盘,使箱内湿度维持在适当水平。培养箱通过 CO_2 调节器调节 CO_2 的张力,或者将空气和 CO_2 按比例混合来调节 CO_2 的张力。CO_2 调节器可以减少 CO_2 的消耗,并且在打开培养箱门后能很好地控制和恢复 CO_2 的含量,使气体由培养箱灌到样品小室内,在培养箱内空气循环流动,既能保持 CO_2 水平,又能使空气均匀分布。由于 CO_2 箱内湿度较高,必须经常处理以避免真菌生长,否则将造成顽固性污染,严重影响实验的进行。CO_2 培养箱主要用于组织细胞的培养以及奈瑟菌、布鲁菌等细菌的初次培养分离。

十一、生物安全柜

目前微生物学实验中多采用生物安全柜,是为操作原代培养物、菌(毒)株以及诊断性标本等具有感染性的实验材料时,用来保护操作者本人、实验室环境以及实验材料,使其避免暴露于上述操作过程中可能产生的感染性气溶胶和溅出物而设计的负压过滤排风柜。

第二节 微生物学实验基本技术训练

一、光学显微镜的使用训练

光学显微镜的标准操作方法

1. 取镜和安放 显微镜从显微镜柜或镜箱内拿出时,右手紧握镜臂,左手托住镜座,平稳地将显微镜搬运到实验桌上。将显微镜放在自己身体的左前方,离桌子边缘约7cm,右侧可放记录本或绘图纸。

2. 调节光源 转动转换器,使低倍镜对准通光孔,由暗调至亮。

3. 低倍镜观察 把所要观察的玻片标本放在载物台上,用压片夹压住,标本要正对通光孔的中心。低倍物镜对准光孔,转动粗准焦螺旋,使镜筒缓缓下降,眼睛从侧边看着物镜头和标本之间,直到物镜接近玻片标本为止。

左眼看目镜,观察视野的变化,同时反向调节粗准焦螺旋,使镜筒缓慢上升,直至看到物像为止,再稍稍转动细准焦螺旋,使看到的物像更加清晰。看不到物像的重复第2、3两个步骤。

4. 高倍镜观察 转动转换器,移走低倍物镜,换上高倍物镜。在转换物镜时要从侧面观察,避免镜头与玻片相撞。缓缓调节细准焦螺旋,使物像清晰,找到需观察的部位。换上高倍物镜后禁止向下转动粗准焦螺旋。调节光圈,使视野亮度适宜。

5. 油镜观察 用粗调节器将镜筒提起约2cm,将油镜转至正下方。在玻片标本的镜检部位滴上1滴香柏油或石蜡。从侧面注视,用粗调节器将镜筒小心地降下,使油镜浸在香柏油中,其镜头几乎与标本相接,应特别注意不能压在标本上,更不可用力过猛,否则不仅压碎玻片,也会损坏镜头。从目镜内观察,进一步调节光线,使光线明亮,再用粗调节器将镜筒徐徐上升,直至视野内出现物像为止,然后用细调节器校正焦距。如油镜已离开油面而仍未见物像,必须再从侧面观察,将油镜降下,重复操作至物像能看清为止。油镜使用完后应立即用擦镜纸拭去香柏油。若油镜镜头上的油迹未擦干净,应先将二甲苯滴在擦镜纸上擦拭镜头,再用擦镜纸将镜头上残留的二甲苯擦净。

6. 观察完后复原 转动粗准焦螺旋,升高镜筒,取出玻片。用擦镜纸擦净目镜和物镜。将各部分还原,转动转换器,把两个物镜偏到两旁,成"八"字形,使空镜头孔对着光孔。载物台下降至最低,降下聚光器,反光镜与聚光器垂直。用柔软纱布清洁载物台等机械部分,然后将显微镜放回柜内或镜箱中。

实验一 细菌标本装片的观察

【目的】

(1)掌握显微镜油镜的使用方法。

(2)验证3种类型细菌的形态,认识细菌的基本形态。

【原理】

普通光学显微镜由机械装置和光学系统两大部分组成,物镜的性能直接影响显微镜的分辨率。物镜中,油镜的放大倍数最大,对微生物学研究最为重要。使用油镜需在载玻片与镜头之间加滴镜油,主要有如下原因:①增加照明亮度;②增加显微镜的分辨率。细菌的形态微小(以 μm 计),个体基本形态为球形、杆状和螺旋形,其中以杆状细菌最为常见。

【材料】

(1)细菌。枯草芽胞杆菌、大肠埃希菌、细菌三型、金黄色葡萄球菌等细菌的永久染色装片。

(2)试剂。香柏油、二甲苯。

(3)主要器材。光学显微镜、擦镜纸、滤纸。

【方法】

显微镜置于左前方,镜罩叠放在右上方,接通电源。聚光器上提至最上方,打开光圈;开电源,调光源。标本放置于载物台上,用粗调节器将载物台上升至最高位置。低倍镜下,用粗调节器找到要观察的样品区域。换高倍镜,用细调节器找到要观察的样品区域。移开高倍镜,滴1滴香柏油,从侧方注视,将油镜缓慢转至正下方,调至物像清晰,绘图。提起镜筒,换染色装片,观察,绘图。使用显微镜观察后,下降载物台,取下载玻片,将油镜转出,用二甲苯擦镜头1～2次。将光线调至最小,关闭电源开关和光圈,下降聚光器。将显微镜各部分还原。

【结果】

将实验结果填入表 2-1。

表 2-1　不同细菌的形态观察结果

标本装片名称	观察结果描述
大肠埃希菌	
金黄色葡萄球菌	
枯草芽胞杆菌	
细菌三型	

注意事项

(1)不准擅自拆卸显微镜的任何部件,以免损坏。

(2)拿显微镜时,一定要右手拿镜臂,左手托镜座,不可单手拿,更不可倾斜拿。镜面只能用擦镜纸擦,不能用手指或粗布擦,以保证其光洁度。

(3)观察标本时,必须依次用低、高倍镜,最后用油镜。

(4)当目视目镜时,特别在使用油镜时,切不可使用粗调节器,以免压碎玻片或损伤镜面。

(5)观察时,两眼睁开,养成两眼能够轮换观察的习惯,以免视疲劳,并且能够在左眼观察时,右眼注视绘图。

实验二　细菌形态的观察

【目的】

(1)学习并掌握细菌压滴片及悬滴片的制作方法。

（2）观察细菌形态。

【原理】

根据菌体形态的不同,细菌可分为球菌、杆菌和螺旋菌三大类型。菌体形态是鉴别细菌的重要依据。在自然界所存在的细菌中,以杆菌最为常见,球菌次之,而螺旋菌最少。细菌的菌体形态受环境因素的影响很大。但在一定的环境条件下,各种细菌常保持着一定的形态,一般以在适宜的培养条件下培养18~24小时的培养物作为典型的菌体形态。

细菌依靠鞭毛泳动,在显微镜下观察细菌的运动性,可以初步判断细菌是否有鞭毛。细菌运动性的观察可用压滴法和悬滴法。压滴法是指在载玻片中央滴加菌悬液或制备菌悬液,加盖玻片后进行观察。压滴法液体比较薄,易于观察,并且可用于细菌计数。悬滴法是指在盖玻片中央加上1滴菌悬液,再将其翻转,封盖于凹孔载玻片的凹室上再进行观察。悬滴法液体比较厚,但方便区别细菌的运动与布朗运动。

【材料】

（1）细菌。大肠埃希菌（*Escherichia coli*）、金黄色葡萄球菌（*Staphylococcus aureus*）、枯草芽胞杆菌（*Bacillus subtilis*）8~12小时肉汤培养物。

（2）试剂。香柏油、二甲苯、凡士林、无菌水。

（3）主要器材。载玻片、接种环、盖玻片、凹玻片、酒精灯、光学显微镜、擦镜纸、镊子等。

【方法】

（1）悬滴法标本制作。①取2张洁净凹玻片,在凹窝四周涂少许凡士林。②用接种环各取1环大肠埃希菌、葡萄球菌培养物分别置于2片盖玻片中央。③将凹玻片倒合于盖玻片上,使凹窝中央正对菌液。④迅速翻转载玻片,用小镊子轻压,使盖玻片与凹窝边缘粘紧封闭,以防水分蒸发。⑤先将低倍镜转到悬滴边缘,再换高倍镜。观察时应下降聚光器,缩小光圈,减少光亮,使背景较暗而易于观察。

（2）压滴法标本制作。①用接种环取2~3环菌液,并置于洁净载玻片中央。②用小镊子夹1块盖玻片轻轻覆盖在菌液上,放置盖玻片时应注意,将盖玻片的一端接触菌液,缓缓放下,避免产生气泡并防止菌悬液外溢。③先用低倍镜观察,找到细菌所在部位后再换高倍镜观察,观察细菌能否运动。

【结果】

将实验结果填入表2-2。

表2-2　不同细菌的形态观察结果

细菌名称	观察结果描述
大肠埃希菌	
金黄色葡萄球菌	
枯草芽胞杆菌	

注意事项

标本制好后应该尽快观察,以免水分蒸发影响观察结果。

【思考题】
(1)细菌的真正运动与分子运动有何区别?
(2)细菌的不染色标本检查法有哪些,用途是什么?

二、细菌制片和染色训练

细菌制片和染色的标准操作方法

1. 制片　取一块载玻片,滴一小滴无菌水于玻片中央,用接种环以无菌操作挑取少量培养物于水滴中,混匀并涂成直径约 1cm 的薄层,置于室温下自然干燥。

2. 固定　用镊子夹住载玻片的一端,标本向上,通过酒精灯外焰 3～4 次即可,共 2～3 秒。待冷却后,进行染色。此过程称为热固定,其目的是使细胞质凝固,以固定细胞形态,并使之牢固附着在载玻片上。热固定温度不宜过高,以皮肤接触载玻片背面不烫手为宜(不超过 60℃),否则会改变甚至破坏细胞形态。

3. 染色　标本固定后,选择合适的染色剂,视观察的目的采用相应的染色程序。染色时间平均在 1～3 分钟。染色到时间后,用细小的水流从标本表面将多余的染料冲洗干净,只留下吸附在菌体上的染料,以获得清晰的视野画面。

4. 干燥　着色标本洗净后,将标本晾干,或用吸水纸将多余的水吸去,以备显微镜观察用。

实验三　细菌芽胞、荚膜的染色及观察

【目的】
(1)训练细菌的特殊染色技术。
(2)观察细菌的芽胞、荚膜等特殊结构。

【原理】

荚膜是细菌细胞壁外胶状的黏液层。荚膜的厚度因细菌的类别差异而不同。除掉荚膜对细菌的生活没有什么影响,但荚膜具有抗吞噬作用和抗干燥作用。有荚膜的细菌,菌落光滑而湿润,有时发黏。只有用特殊的染色法,才能用光学显微镜观察到荚膜。

芽胞是芽胞杆菌科内细菌的主要特征。芽胞是某些细菌在其生活史的某一阶段形成的内生孢子。芽胞可休眠,耐受高温和干燥,一般条件下可以生存 10 多年。芽胞的胞壁较厚,折光性强,要用专门的染色方法才能观察到。

【材料】

(1)细菌。大肠埃希菌(*Escherichia coli*)、金黄色葡萄球菌(*Staphylococcus aureus*)、枯草芽胞杆菌(*Bacillus subtilis*)16～18 小时培养物。

(2)试剂。5％ 孔雀绿染液、95％ 乙醇、番红水溶液、结晶紫染液。

(3)主要器材。载玻片、接种环、盖玻片、酒精灯、光学显微镜、擦镜纸、镊子等。

【方法】

(1)芽胞染色法。在玻片上加蒸馏水 1 滴,用接种环无菌操作,挑取菌落少许,将细菌置于载玻片蒸馏水滴的顶部,干燥、固定。在菌膜上加 5％ 孔雀绿染液,用试管夹夹住加

热,使染液微冒蒸气 5 分钟,注意不能煮沸或烧干,加热过程中应随时添加染液,冷却后水洗。用 95% 乙醇脱色 1~2 分钟,水洗。用番红水溶液复染 1~2 分钟,水洗,自然干燥后镜检。

(2)荚膜染色法。用接种环挑取菌落少许于玻片上。滴加结晶紫染液 1 滴,与菌落混合,染色 30 秒左右。用玻片将菌苔与染液推成薄层,自然干燥,镜检。

【结果】

将实验结果填入表 2-3。

表 2-3 不同细菌的芽胞、荚膜染色结果

细菌名称	芽胞	荚膜
大肠埃希菌		
金黄色葡萄球菌		
枯草芽胞杆菌		

注意事项

选用新的玻片或者无裂痕的玻片。

【思考题】

(1)脱色反应时,为什么必须用缓流自来水冲洗?

(2)为什么在芽胞染色时,加热使染液微冒蒸气 5 分钟,而不能煮沸或烧干?

实验四 细菌的鞭毛染色及观察

【目的】

(1)规范细菌鞭毛染色标准操作规程。

(2)观察细菌的鞭毛。

【原理】

某些细菌菌体上具有细长而弯曲的丝状物,称为鞭毛。鞭毛的长度常超过菌体若干倍,数量少则 1~2 根,多则可达数百根。鞭毛是细菌的运动器官。用不稳定的胶体溶液作为媒染剂,使其在鞭毛上生成沉淀,加粗鞭毛的直径,以便于观察,然后再进行染色。

【材料】

(1)细菌。大肠埃希菌(*Escherichia coli*)、金黄色葡萄球菌(*Staphylococcus aureus*)、铜绿假单胞菌(*Pseudomonas aeruginosa*)16~18 小时培养物。

(2)试剂。甲液为饱和钾明矾液 2ml、石炭酸 5ml、200g/L 鞣酸液 2ml 的混合液。乙液为碱性复红乙醇饱和液。使用前,将 9 份甲液、1 份乙液混合过滤,过滤后第 3 天使用最佳。

(3)主要器材。载玻片、接种环、盖玻片、酒精灯、光学显微镜、擦镜纸、镊子等。

【方法】

滴加染液 1～2 分钟,轻轻水洗,干燥后镜检。

【结果】

将实验结果填入表 2-4。

表 2-4 不同细菌的鞭毛观察

细菌名称	鞭毛数量	观察结果描述
大肠埃希菌		
金黄色葡萄球菌		
铜绿假单胞菌		

注意事项

(1)选用新的玻片或者干净、光滑的玻片。

(2)避免玻片相互重叠。

【思考题】

如何鉴别细菌是周鞭毛、单端鞭毛,还是无鞭毛?

实验五　细菌的革兰染色法

【目的】

(1)掌握革兰染色法的原理。

(2)训练大肠埃希菌涂片的基本技术。

(3)掌握革兰染色的方法。

【原理】

细菌对于革兰染色的不同反应,是由它们细胞壁的成分和结构不同造成的。革兰阳性细菌的细胞壁主要是由肽聚糖形成的网状结构组成的,在染色过程中,当用乙醇处理时,由于脱水而引起网状结构中的孔径变小,通透性降低,使结晶紫-碘复合物被保留在细胞内而不易着色,因此,呈现蓝紫色;革兰阴性细菌的细胞壁中肽聚糖含量

细菌的革兰染色法

低,而脂类物质含量高,当用乙醇处理时,脂类物质溶解,细胞壁的通透性增加,使结晶紫-碘复合物易被乙醇抽出而脱色,然后又被染上了复染液(番红染液)的颜色,因此呈现红色。

革兰染色需用 4 种不同的溶液:初染液、媒染剂、脱色剂和复染液。碱性染料的作用是在细菌的简单染色法基本原理中所述的那样,而用于革兰染色的初染液一般是结晶紫染液。媒染剂的作用是增加染料和细胞之间的亲和力或附着力,即以某种方式帮助染料固定在细胞上,使之不易脱落,不同类型的细胞脱色反应不同,有的能被脱色,有的则不能,脱色剂常用 95% 乙醇。复染液也是一种碱性染料,其颜色不同于初染液,复染的目的是使被脱色的细胞染上

不同于初染液的颜色,而未被脱色的细胞仍然保持初染的颜色,从而将细胞区分成阳性和阴性两大类群,常用的复染液是番红染液。

【材料】

(1)细菌。大肠埃希菌(*Escherichia coli*)、金黄色葡萄球菌(*Staphylococcus aureus*)、枯草芽胞杆菌(*Bacillus subtilis*)16小时平面培养物。

(2)试剂。结晶紫染液为结晶紫2%、乙醇20%、草酸铵0.8%。媒染液为碘1.3%、碘化钾2%、聚乙烯吡咯烷酮(PVP)10%。番红溶液为番红0.25%、95%乙醇10%。香柏油、二甲苯等。

(3)主要器材。光学显微镜、载玻片、接种环、盖玻片、滴管、酒精灯、擦镜纸、吸水纸等。

【方法】

取一块载玻片,滴一小滴蒸馏水于玻片中央,用接种环以无菌操作分别从培养24小时的大肠埃希菌的平面上挑取少量菌苔于水滴中,混匀并涂成直径为约1cm的薄层。载玻片要洁净无油迹;滴蒸馏水和取菌不宜过多;涂片要均匀,不宜过厚。室温下自然干燥。用手执载玻片的一端,标本向上,通过酒精灯外焰3~4次即可,共2~3秒。待冷却后,进行染色。此过程称为热固定,其目的是使细胞质凝固,以固定细胞形态,并使之牢固附着在载玻片上。热固定温度不宜过高,以皮肤接触载玻片背面不烫手为宜(不超过60℃),否则会改变甚至破坏细胞形态。①初染:加结晶紫染液1滴,1~2分钟,水洗。②媒染:滴加卢戈碘液,冲去残水,并覆盖约1分钟,水洗。③脱色:将载玻片上面的水甩净,并衬以白背景,用95%乙醇滴洗至流出的乙醇刚刚不出现蓝色为止,20~30秒,立即用水冲净乙醇。④复染:用番红染液染1~2分钟,水洗。⑤镜检:干燥后,置油镜下观察。革兰阴性菌呈红色,革兰阳性菌呈紫色。以分散开的细菌的革兰染色反应为准,过于密集的细菌,常常呈假阳性。

【结果】

将实验结果填入表2-5。

表2-5 不同细菌的革兰染色结果

细菌名称	观察结果描述
大肠埃希菌	
金黄色葡萄球菌	
枯草芽胞杆菌	

注意事项

(1)载玻片要洁净无油,否则菌液涂不开且不易固定,水洗过程中易被冲掉。

(2)菌量不宜过多,涂片宜薄,否则影响观察。

(3)革兰染色的关键在于严格掌握乙醇脱色程度,如脱色过度,则阳性菌可被误染为阴性菌;而脱色不够时,阴性菌可被误染为阳性菌。

(4)菌龄也影响染色结果,如阳性菌培养时间过长,细菌可能已死亡或部分菌自行溶解,导致染色结果呈阴性反应。

【思考题】

（1）制片时热固定的作用是什么？

（2）革兰染色成败的关键在哪一步？为什么？应如何掌握？

三、培养基的配制训练

培养基配制的标准操作方法

1. 计算称量　根据配方，计算出实验中各种药品所需要的量，然后分别称（量）取。

2. 溶解　将药品放于烧杯中，加入 1000ml 蒸馏水进行加热溶解，不断搅拌、混匀至完全溶解。

3. 调节 pH　用滴管逐滴加入 1N NaOH 或 1N HCl，边搅动，边用精密的 pH 试纸测其 pH，直到符合要求时为止，也可用 pH 计来测定。

4. 分装　根据需要将培养基分装于不同的容器中，并进行包扎。

5. 密封　培养基分装好以后，在试管口或烧瓶口上应加上一只棉塞，一方面阻止外界微生物进入培养基内，防止由此而引起污染；另一方面保证有良好的通气性能，使微生物能不断地获得无菌空气。

6. 灭菌　在塞上棉塞的容器外面再包一层牛皮纸，便可进行灭菌。

7. 培养基的保存　制备好的培养基应保存在 2～25℃的避光环境中，若保存于非密闭容器中，一般在 3 周内使用；若保存于密闭容器中，一般可在 1 年内使用。

实验六　常用培养基的配制和灭菌

【目的】

（1）掌握高压蒸汽和湿热灭菌的方法及原理。

（2）掌握常用培养基的配制方法。

【原理】

培养基是用人工方法将细菌生长所需要的营养物质按一定比例配制而成的营养基质。按照物理性状分为液体、半固体和固体培养基 3 类，其区别主要是凝固剂的有无和多少；按用途分为基础、营养、选择、鉴别、增菌、特殊培养基等。培养基的成分因种类不同而异，其中基础培养基含有一般细菌生长所需要的基本营养成分特殊培养基大多是在基础培养基中加入某些特殊成分（如营养物质、抑菌剂、检测基质、指示剂等）配制而成。

常用培养基的配制和
灭菌

高压蒸汽灭菌是将待灭菌的物品放在一个密闭的加压灭菌锅内，通过加热，使灭菌锅隔套间的水沸腾而产生蒸汽。在密闭的蒸锅内，其中的蒸汽不能外溢，压力不断上升，使水的沸点不断提高，锅内温度也随之增加，导致菌体蛋白质凝固变性而达到灭菌的目的。在 0.1MPa 的压力下，锅内温度达 121℃。在此蒸汽温度下，可以很快杀死各种细菌及其高度耐热的芽胞。

【材料】

（1）试剂。营养琼脂干粉、Oxoid M-H 干粉、蛋白胨、牛肉浸液、NaCl、琼脂。

（2）主要器材。立式高压蒸汽灭菌锅、分析天平、微波炉、称量纸、牛角匙、精密 pH 试纸、量筒、三角瓶、培养皿、玻璃棒、烧杯、试管架、棉花、线绳、牛皮纸。

【方法】

（1）实验前准备。玻璃器皿、锥形瓶、培养皿（9cm）、量筒（100ml，500ml）、试管（18mm×180mm）及塞子等。玻璃器皿用前应洗涤干净，试管、量筒不挂水滴，无残留抗菌物质。锥形瓶、量筒、试管均应加棉塞或硅胶塞。玻璃器皿均于 160℃ 干热灭菌 2 小时或高压蒸汽 121℃ 灭菌 30 分钟，烘干备用。

（2）营养琼脂培养基的配制。将 28g 营养琼脂溶于 1000ml 蒸馏水中，混匀至完全溶解，分装，经 121℃ 灭菌 15 分钟，冷藏备用。

（3）M-H 培养基的配制。将 38g Oxoid M-H 干粉溶于 1000ml 蒸馏水中，校正 pH 至 7.1～7.5，经 121℃ 灭菌 15 分钟，冷却至 50℃ 左右，无菌定量吸取 25ml 于直径 9cm 的无菌平板内，凝固后冷藏备用。琼脂层厚 4mm。

（4）马铃薯-葡萄糖-琼脂（PDA）培养基。成分包括马铃薯（去皮）200g、琼脂 14g、葡萄糖 20g、水 1000ml。取马铃薯，切成小块，加水 1000ml，煮沸 20～30 分钟，用 6～8 层纱布过滤，取滤液补水至 1000ml，调节 pH，使灭菌后在 25℃ 的 pH 为 5.6±0.2，加入琼脂，加热溶化后，再加入葡萄糖，摇匀，分装，灭菌。

（5）麦康凯琼脂培养基。成分包括明胶胰酶水解物 17g，中性红 30mg，胨（肉或酪蛋白）3g、结晶紫 1mg、乳糖 10g、琼脂 13.5g、脱氧胆酸钠 1.5g、氯化钠 5g、水 1000ml。除乳糖、中性红、结晶紫、琼脂外，取上述成分，混合，微温溶解，调节 pH，使灭菌后在 25℃ 的 pH 为 7.1±0.2，加入乳糖、中性红、结晶紫、琼脂，加热煮沸 1 分钟，并不断振摇，分装，灭菌。

注意事项

（1）配制的培养基不应有沉淀。如有沉淀，应于溶化后趁热过滤，灭菌后使用。培养基的分装量不得超过容器的 2/3，以免灭菌时溢出。

（2）包装时，塞子必须塞紧，以免松动或脱落造成染菌。

（3）培养基配制后应在 2 小时内灭菌，避免细菌繁殖。灭菌后的培养基应保存在 2～25℃，防止被污染。

（4）制备好的培养基放置时间不宜过长，以免水分散失及染菌。

（5）已溶化的培养基应 8 小时内一次用完，剩余培养基不宜再用。

（6）倾注时温度不宜过高，否则凝水过多易污染；若温度过低，琼脂易凝固。

四、细菌的接种培养训练

细菌接种技术的标准操作方法

1. **菌液制备**　接种金黄色葡萄球菌、铜绿假单胞菌、枯草芽胞杆菌的新鲜培养物至胰酪大豆胨液体培养基中或胰酪大豆胨琼脂培养基上，30～35℃ 培养 18～24 小时，上述培养物用 pH7.0 无菌氯化钠-蛋白胨缓冲液或 0.9% 无菌氯化钠溶液制成每毫升含菌数小于 100CFU（菌落形成单位）的菌悬液。

2. **接种**　点燃酒精灯，左手握住菌种斜面，将管口靠近火焰上方，右手拿接种环后端，将接种环烧红约 30 秒,随后将接种环金属部分在火焰上烧灼,往返通过 3 次。右手用无名指、小指及掌部夹住管塞,左手将管口在火焰上旋转烧灼,右手再轻轻拔开管塞,将接种环伸入管内,先在近壁的琼脂斜面上靠一下,稍冷却再移至菌苔上,刮取少量菌苔,随即取出接种环,并将菌种管口移至火焰上方。塞上管塞,左手将菌种管放下,取营养琼脂斜面 1 支,照上述操作打开管塞,将接种环伸入管内至琼脂斜面的底部,由底向上,将接种环轻贴斜面的表面曲折蛇形移动,使细菌接种在斜面的表面上。取出接种环,在火焰上方将培养基管盖上塞子,然后将接种过细菌的接种环在火焰上烧灼灭菌。

实验七　细菌的接种技术和培养特征

【目的】

(1)掌握革兰染色法的原理。

(2)训练大肠埃希菌涂片的基本技术。

(3)掌握革兰染色的方法。

【原理】

　　从混杂的微生物群体中获得只含有某一种或某一株微生物的过程称为微生物的分离与纯化。常用的分离、纯化方法为单细胞挑取法、稀释涂布平板法、稀释混合平板法、平板画线法。

细菌的接种技术和
培养特征

【材料】

　　(1)细菌。大肠埃希菌(*Escherichia coli*)、金黄色葡萄球菌(*Staphylococcus aureus*)、枯草芽胞杆菌(*Bacillus subtilis*)16～18 小时培养物。

　　(2)培养基。营养琼脂培养基。

　　(3)主要器材。恒温培养箱、超净工作台、酒精灯、接种环、接种针、L 形玻璃棒、打火机、记号笔等。

【方法】

　　(1)实验前准备。将供试品及所有已灭菌的平皿、锥形瓶、匀浆杯、试管、吸管(1ml、10ml)、量筒、稀释剂等移至洁净实验室内。每次实验所用物品必须事先做好计划,准备足够用量,避免操作中出入洁净实验室。编号后将全部外包装(牛皮纸)去掉。开启洁净实验室空气过滤装置,并使其工作不少于 30 分钟。操作人员用肥皂或适宜消毒液洗手,进入缓冲间,换工作鞋。再用消毒液洗手或用酒精棉球擦手,穿戴无菌衣、帽、口罩、手套。操作前先用酒精棉球擦手,再用碘伏棉球(也可用酒精棉球)擦拭供试品瓶、盒、袋等的开口处周围,待干后用灭菌的手术剪将供试品启封。

　　(2)液体培养基的接种。先将接种环在火焰上烧灼灭菌,待冷却后挑取少许细菌。左手拿试管,右手持接种环,用右手其余手指将试管塞打开,试管口通过火焰烧灼灭菌,然后接种。将试管口灭菌后加塞,接种环烧灼灭菌后放回原处。在试管上做好标记,经 35℃培养 18～24 小时后观察结果。

　　(3)半固体平板培养基的接种。先将接种针在火焰上烧灼灭菌,待冷却后挑取少许菌落。左手拿试管,右手持接种针,将试管塞打开后,试管口通过火焰灭菌,将接种针从培养基的中心

向下垂直穿刺接种至试管底上方约 5mm 处(勿穿至管底),然后由原穿刺线退出,将试管口灭菌后加塞,接种针烧灼灭菌后放回原处。在试管上做好标记,经 35℃ 培养 18～24 小时后观察结果。

(4)固体平板培养基的接种。先将接种环在火焰上烧灼灭菌,待冷却后挑取少许菌落。同上法将平板盖打开 30°～45°,将已挑取细菌的接种环在平板内来回画线,每区线间需保持一定距离,线条要密而不重复。画线完毕,将平板扣入平板盖,接种环烧灼灭菌后放回原处。在平板底上做好标记,经 35℃ 培养 18～24 小时后观察结果。

(5)斜面培养基的接种。将接种环(或接种针)在火焰上烧灼灭菌,待冷却后以无菌操作挑取少许菌落。左手拿试管,打开试管塞后,试管口通过火焰灭菌,再将取有细菌的接种环由斜面底部向上画一直线,再由下至上在斜面上画曲线。试管口灭菌后加塞,接种环烧灼灭菌后放回原处。在试管上做好标记,经 35℃ 培养 18～24 小时后观察结果。

【结果】

将实验结果填入表 2-6。

表 2-6　细菌不同接种方法的培养特征

细菌名称	液体培养	半固体平板培养	固体平板培养	斜面培养
大肠埃希菌				
金黄色葡萄球菌				
枯草芽胞杆菌				

注意事项

(1)细菌接种过程中需注意无菌操作,避免污染,因此每一步操作均需严格按要求进行。操作时不宜说话或将口鼻靠近培养基表面,以免呼吸道排出的细菌污染培养基。

(2)所有操作均需在酒精灯火焰附近进行,平皿盖、试管塞、瓶塞均应拿在手上打开(具体见前述),禁止将盖或塞事先取下放置在桌面上。

(3)取菌种前灼烧接种针(环)时要将镍铬丝烧红,烧红的接种针(环)稍事冷却再取菌种,以免烧死菌种。

(4)取菌时注意菌落不要取得太多,应蘸取而不宜刮取,否则平板画线很难分离出单个菌落。

(5)平板画线时注意掌握好画线的力度和角度,用力不能过重,接种环和培养基表面呈 30°～40°,画线要密而不重复,充分利用培养基,并注意不能划破平板。半固体培养基接种时注意穿刺线要直,并沿原穿刺线退出。

(6)接种完毕后,需在培养基上做好标记再放置温箱孵育。废弃的有菌材料(如玻片、有菌的平板、试管、吸管等)均需灭菌后再清洗。发生有菌材料污染应及时进行消毒处理。

【思考题】

细菌接种前,应做哪些准备工作,其目的是什么?

实验八　细菌的平板菌落计数方法

【目的】

掌握细菌的平板菌落计数方法。

【原理】

细菌计数是检测非规定灭菌制剂及原、辅料受微生物污染程度的方法，也是用于评价生产企业的药用原料、辅料、设备、器具、工艺流程、环境和操作者的卫生状况的重要手段和依据。细菌计数均采用平板菌落计数法，这是活菌计数的方法之一。以在琼脂平板上的细菌、真菌和酵母菌形成一个独立可见的菌落为计数依据。该法测定结果只反映在该规定条件下所生长的细菌的菌落数。一个细菌的菌落均可由一个或多个菌细胞生长繁殖而成，因此供试品中所测得的菌落数，实际为菌落形成单位数（colony forming unity，CFU）。

【材料】

（1）细菌。大肠埃希菌（*Escherichia coli*）、金黄色葡萄球菌（*Staphylococcus aureus*）、枯草芽胞杆菌（*Bacillus subtilis*）16～18小时培养物。

（2）培养基。胰酪大豆胨琼脂培养基。

（3）主要器材。恒温培养箱、超净工作台、酒精灯、接种环、接种针、L形玻璃棒、打火机、记号笔等。

【方法】

（1）菌液制备。取大肠埃希菌、金黄色葡萄球菌、枯草芽胞杆菌的新鲜培养物，用0.9%无菌氯化钠溶液制成适宜浓度的菌悬液。菌液制备后若在室温下放置，应在2小时内使用；若保存在2～8℃，可在24小时内使用。

（2）稀释。取6个试管分别编号为10^{-1}，10^{-2}，10^{-3}，10^{-4}，10^{-5}，10^{-6}，用无菌吸管分别吸取无菌水9ml至6支无菌试管中。另取无菌吸管吸取菌悬液各1ml至编号为10^{-1}的试管中，反复吹吸3次，混匀。再吸取1ml加入编号为10^{-2}的试管中。以此类推，进行10倍系列稀释，将菌悬液稀释到10^{-6}。

（3）取样。用无菌吸管吸取不同浓度的菌悬液1ml至直径90mm的无菌平皿中。

（4）培养。注入15～20ml温度不超过45℃熔化的胰酪大豆胨琼脂培养基，混匀，凝固，倒置于30～35℃培养箱中培养3天。

（5）计数。从平板的背面直接以肉眼计数菌落形成单位（CFU），按下式算出每毫升标本中的细菌数：

$$1毫升标本中的活菌数 = 全平板 CFU \times 稀释倍数$$

【结果】

将实验结果填入表2-7。

表 2-7　不同细菌标本中的活菌数

细菌名称	10^{-4}	10^{-5}	10^{-6}
大肠埃希菌			
金黄色葡萄球菌			
枯草芽胞杆菌			

注意事项

(1)每次吸取细菌悬液时,必须更换无菌吸管。

(2)胰酪大豆胨琼脂培养基的温度不宜过高。

【思考题】

简述平板菌落计数法的一般过程及其优缺点。

五、细菌的鉴定方法

细菌鉴定的标准操作方法

1. **增菌培养**　取培养基 3 瓶,每瓶各 100ml。2 瓶分别加入规定量的供试液(相当于供试品 1ml,其中 1 瓶加入对照菌 10～100 个做阳性对照,第 3 瓶加入与供试液等量的稀释剂做阴性对照。培养 18～24 小时,必要时可延至 48 小时。阴性对照应无菌生长。

2. **分离培养**　以接种环蘸取 1～2 环培养液画线于 EMB 或麦康凯琼脂平板上,培养 18～24 小时。

3. **纯培养**　以接种针轻轻接触单个疑似菌落的表面中心,蘸取培养物,应挑选 2 个以上疑似菌落,分别接种营养琼脂斜面,培养 18～24 小时,做以下检查。

4. **乳糖发酵试验**　取上述斜面培养物,接种于乳糖发酵管,培养 24～48 小时,观察产酸(指示剂为酸性品红者为红色;指示剂为溴麝香草酚蓝者为黄色)、产气(小导管内有气泡,气泡无论大小都是产气)情况。为避免迟缓发酵乳糖产生假阴性,亦可接种 5% 乳糖发酵管。绝大多数迟缓发酵乳糖的细菌可于 24 小时出现阳性,或适当延长培养时间。

5. **吲哚试验(Ⅰ)**　取上述斜面培养物,接种于蛋白胨水培养基,培养 24～48 小时,沿管壁加入吲哚试液数滴,轻轻摇动试管,液面呈玫瑰红色为阳性,呈试剂本色为阴性。98% 的大肠埃希菌吲哚试验为阳性。一般 24 小时即可出现阳性结果。以无菌操作先从管中取出 1ml 或 2ml 培养液进行检查,如吲哚是阴性,余下的蛋白胨水培养物再培养 24 小时,做吲哚试验。

6. **甲基红试验(M)**　取上述斜面培养物,接种于磷酸盐葡萄糖胨水培养基中,培养(48±2)小时,于培养液中加入甲基红指示液 2～3 滴(约 1ml 培养液加指示液 1 滴),轻微摇动,立即观察,呈鲜红色或橘红色为阳性,呈黄色为阴性。

7. **乙酰甲基甲醇生成试验(V-P)**　取上述斜面培养物。接种于磷酸盐葡萄糖胨水培养基中,培养(48±2)小时,于 2ml 培养液中加入 α-萘酚乙醇试液 1ml,混匀,再加 40% 氢氧化钾试液 0.4ml,充分振摇,在 4 小时内(通常 30 分钟)内出现红色反应即判为阳性,无红色反应为阴性。

8. **枸橼酸盐利用试验(C)**　取上述斜面培养物,接种于枸橼酸盐培养基斜面上,培养 2～4

天,培养基斜面有菌苔生长,培养基由绿色变为蓝色时为阳性,培养基颜色无改变、无菌生长为阴性。

药品中污染的大肠埃希菌,易受生产工艺及药物的影响。在曙红亚甲蓝琼脂或麦康凯琼脂平板上的菌落形态特征时有变化,挑取可疑菌落往往凭经验,主观性较强,务必挑选 2 个以上菌落分别做 IMViC 试验鉴别,挑选菌落越多,检出阳性菌的概率越高,如仅挑选一个菌落做 IMViC 试验鉴别,则易漏检。

在 IMViC 试验中,以灭菌接种针蘸取菌苔,首先接种于枸橼酸盐琼脂斜面上,然后接种于蛋白胨水培养基、磷酸盐葡萄糖胨水培养基中。切勿将培养基带入枸橼酸盐琼脂斜面上,以免产生假阳性结果。

根据试验资料,发现某些菌培养 3 天后,枸橼酸盐利用试验产生阳性,故仅培养 2 天是不够的,枸橼酸盐利用试验培养时间可延长至 4 天。

以 IMViC 试验来判断大肠埃希菌属中的大肠埃希菌是模糊的。IMViC 试验为"±"者,除大肠埃希菌外,还有非活跃大肠埃希菌(*E. coli inactive*)、伤口埃希菌(*E. vulneris*)、蟑螂埃希菌(*E. blattae*)。

阳性对照实验检查供试品是否有抑菌作用及培养条件是否适宜。阳性对照菌液的制备、计数及加入含供试品的培养基中等操作,不能在检测供试品的洁净实验室或净化台上进行,必须在单独的隔离间或净化台操作,以免污染供试品及操作环境。

实验九 细菌的单糖发酵试验

【目的】

(1)训练细菌的生化鉴定方法。

(2)熟悉大肠埃希菌的单糖发酵试验。

【原理】

不同微生物分解时利用糖类的能力有很大差别,有的能利用,有的不能利用,能利用者又可分为产气者或不产气者。可用指示剂及各种发酵管进行检测。原理主要是检查细菌对各种糖、醇和糖苷等的发酵能力,从而进行各种细菌的鉴别。每次生化试验,常需同时接种多管不同生化反应管。根据生化反应管的不同加不同指示剂,常用的指示剂有酚红、溴甲酚紫,溴百里酚蓝等。

【材料】

(1)菌种。大肠埃希菌、沙门杆菌。

(2)培养基。葡萄糖、乳糖发酵管(内置导管)或半固体培养基。

(3)主要器材。接种环(针)、酒精灯、毛细滴管、生物安全柜、培养箱、水浴箱、滤纸条等。

【方法】

无菌操作,用接种环将上述两种细菌接种于葡萄糖及乳糖发酵管各 1 支;若为液体培养基,用接种环蘸取少许细菌接种,置于 37℃环境下培养 18～24 小时后观察结果。观察培养基颜色有无改变,小导管中有无气泡;若为半固体培养基,则用接种针接种,观察穿刺线、管壁及管底有无微小气泡、细菌有无动力,有动力时,细菌在培养基中沿穿刺线呈毛刷样生长。

【结果】

观察结果时,首先确定有无细菌生长,有细菌生长时,培养基常呈浑浊状。然后确定细菌对糖类的分解情况,如发酵糖类产酸,则培养基中酸碱指示剂变成酸性颜色,可用"＋"号表示。如发酵糖类产酸又产气,此时培养基除变色外,在倒置小管中有气泡出现,可用"⊕"表示。如细菌不分解该糖时,则指示剂不变颜色,倒置小管无气泡,以"－"表示。将实验结果填入表 2-8。

表 2-8　不同细菌的单糖发酵试验结果

细菌名称	观察结果描述
大肠埃希菌	
沙门杆菌	

注意事项

(1)严格无菌操作。

(2)接种细菌前,检查糖发酵管的小导管中是否有气泡存在。如果有气泡,需要更换糖发酵管。

【思考题】

假如某种微生物可以有氧代谢葡萄糖,发酵试验应该出现什么结果?

实验十　细菌的吲哚试验

【目的】

(1)训练细菌的生化鉴定方法。

(2)熟悉细菌的吲哚试验。

【原理】

某些细菌具有色氨酸酶,能分解蛋白胨中的色氨酸,生成吲哚等产物。吲哚可用显色反应检测,吲哚能与对二甲基氨基苯甲醛结合,生成红色化合物玫瑰吲哚。

细菌的吲哚试验

实验证明吲哚试剂可与 17 种不同的吲哚化合物作用而产生阳性反应,实验前若先用二甲苯或乙醚等进行提取,再加试剂,只有吲哚或 5-甲基吲哚在溶液中呈现红色,因而结果更为可靠。

【材料】

(1)菌种。大肠埃希菌(*Escherichia coli*)、产气肠杆菌(*Enterbacter aerogenes*)斜面培养物。

(2)培养基。蛋白胨水培养基。

(3)试剂。吲哚试剂。

(4)主要器材。接种环(针)、酒精灯、毛细滴管、生物安全柜、培养箱、水浴箱、滤纸条等。

【方法】

将上述两种细菌分别接种于蛋白胨水培养基中,置于 37℃环境下培养 18～24 小时后,沿管壁缓慢加入吲哚试剂 0.5ml(2～3 滴),使试剂浮于培养物表面,形成两层,立即观察结果。两液面交界处呈现红色时为阳性,无变化者为阴性。

【结果】

将实验结果填入表 2-9。

表 2-9　不同细菌的吲哚试验结果

细菌名称	观察结果描述
大肠埃希菌	
产气肠杆菌	

注意事项

加入吲哚试剂后切勿摇动试管,以免影响结果。

【思考题】

吲哚试验的化学原理是什么?

实验十一　甲基红试验

【目的】

(1)训练细菌的生化鉴定方法。

(2)熟悉大肠埃希菌的甲基红试验。

【原理】

有些细菌能分解葡萄糖产生丙酮酸,丙酮酸继续分解生成乳酸、甲酸、乙酸等产物,由于产生大量有机酸,培养基 pH 下降至 4.5 以下,加入甲基红指示剂时呈现红色;而有些细菌如产气肠杆菌,由于分解葡萄糖时产酸量少,加上产生的酸进一步转化为其他物质如醇、酮、醛等,培养基的 pH 维持在 5.4 以上,加入甲基红指示剂时呈黄

甲基红试验

色。甲基红为酸性指示剂,pH 变色范围为 4.4～6.0。故在 pH5.0 以下,随酸度增加而显红色;在 pH5.0 以上,则随碱度增加而呈黄色;在 pH5.0 或上下接近时,可能变色不明显,此时应延长培养时间,重复一次。

【材料】

(1)菌种。大肠埃希菌、产气肠杆菌斜面培养物。

(2)培养基。葡萄糖蛋白胨水培养基。

(3)试剂。甲基红试剂(pH 变色范围为 4.4～6.0)。

(4)主要器材　接种环(针)、酒精灯、毛细滴管、生物安全柜、培养箱、水浴箱、滤纸条等。

【方法】

将两种细菌分别接种于上述培养基中,置于 37℃恒温箱中培养 18～24 小时后,各取 2ml 培养液,加入甲基红试剂 2 滴,轻摇后观察。出现红色反应为甲基红试验阳性,黄色为甲基红试验阴性。

【结果】

将实验结果填入表 2-10。

表 2-10　不同细菌的甲基红试验结果

细菌名称	观察结果描述
大肠埃希菌	
产气肠杆菌	

注意事项

不要过多地加入甲基红试剂,以免出现假阳性反应。

【思考题】

甲基红试验的原理是什么?

实验十二　V-P(Voges-Proskauer)试验

【目的】

(1)训练细菌的生化鉴定方法。

(2)熟悉大肠埃希菌的 V-P 试验。

【原理】

某些细菌在葡萄糖蛋白胨水培养基中能分解葡萄糖产生丙酮酸,丙酮酸缩合、脱羧生成乙酰甲基甲醇,后者在强碱环境下,被空气中的 O_2 氧化为二乙酰,二乙酰与蛋白胨中的胍基化合物反应生成红色化合物,称 V-P 阳性反应。本试验一般用于肠杆菌科各菌属的鉴别。用于芽胞杆菌和葡萄球菌等其他细菌鉴别时,普通培养基中的磷酸盐因阻碍乙酰甲基甲醇的产生,操作时应省去或以 NaCl 代替。

V-P 试验

【材料】

(1)菌种。大肠埃希菌、产气肠杆菌斜面培养物。

(2)培养基。葡萄糖蛋白胨水培养基。

(3)试剂。V-P 试剂(6% α-萘酚乙醇溶液,40% 氢氧化钾溶液)。

(4)主要器材。接种环(针)、酒精灯、毛细滴管、生物安全柜、培养箱、水浴箱、滤纸条等。

【方法】

将细菌分别接种于上述培养基中,置于 37℃恒温箱中培养 24～48 小时后,分别取 2ml 培养物,加入 6％ α-萘酚乙醇溶液 1ml,再加入 40％ 氢氧化钾溶液 0.4ml,充分振荡后,室温下静置 5～30 分钟观察结果。呈红色反应者为阳性;如无红色出现,且置于 37℃环境下 4 小时后仍无红色反应者为阴性。

【结果】

将试验结果填入表 2-11。

表 2-11　不同细菌的 V-P 试验结果

细菌名称	观察结果描述
大肠埃希菌	
产气肠杆菌	

注意事项

在 V-P 试验中加入氢氧化钾溶液后要充分振荡,使空气中的氧溶入培养液中。

【思考题】

在 V-P 试验中加入氢氧化钾溶液的作用是什么?

实验十三　枸橼酸盐(Citrate)利用试验

【目的】

(1)训练细菌的生化鉴定方法。

(2)熟悉大肠埃希菌的枸橼酸盐利用试验。

【原理】

枸橼酸盐培养基中不含任何糖类,枸橼酸盐为唯一碳源,磷酸二氢铵为唯一氮源。如果细菌能利用铵盐作为唯一氮源,并能利用枸橼酸盐作为唯一碳源,则可在此培养基上生长,分解枸橼酸钠,生成碳酸钠,使培养基变为碱性,此时培养基中的溴麝香草酚蓝指示剂由绿色变为深蓝色。

枸橼酸盐利用试验

【材料】

(1)菌种。大肠埃希菌、产气肠杆菌斜面培养物。

(2)培养基。枸橼酸盐斜面培养基。

(3)主要器材。接种环(针)、酒精灯、毛细滴管、生物安全柜、培养箱、水浴箱、滤纸条等。

【方法】

将细菌分别接种于上述培养基斜面上,置于 37℃环境下培养 1～4 天,每日观察结果。培养基斜面上有细菌生长,而且培养基由绿色变深蓝色者为阳性;无细菌生长,培养基颜色不变,保持绿色者为阴性。

【结果】

将试验结果填入表 2-12。

表 2-12　不同细菌的枸橼酸盐利用试验结果

细菌名称	观察结果描述
大肠埃希菌	
产气肠杆菌	

注意事项

(1)某些细菌进行柠檬酸盐利用试验时,培养时间可延长至 4 天。

(2)接种时,切勿将培养基带入柠檬酸盐斜面培养基上,以免产生假阳性结果。

【思考题】

大肠埃希菌和产气肠杆菌在柠檬酸盐培养基上培养时,培养基颜色有什么不同?

(沈　鹏)

第三节　消毒与灭菌实验

清洁、消毒、灭菌是预防和控制感染的一个重要环节。在微生物学实验过程中,消毒与灭菌是防止杂菌污染影响实验结果的有效措施。通过本节内容的学习,使学生掌握不同的实验及设备所采用的消毒和灭菌的方法。

实验十四　煮沸消毒实验

【目的】

通过准备和制备实验材料的过程,使学生学习掌握微生物学常用的培养基的制备技术和消毒灭菌的实验方法,培养学生的动手能力和综合运用知识的能力。

【原理】

煮沸法是非常常用的物理消毒灭菌方法,在沸水浴中煮 5～10 分钟可以杀死细菌的繁殖体,煮 1～2 小时可以杀死细菌的芽胞。无菌操作下将大肠埃希菌(或金黄色葡萄球菌)和枯草芽胞杆菌接种于液体培养基(装在试管里面),沸水浴煮沸 5 分钟,大肠埃希菌(或金黄色葡萄球菌)可被杀死;而枯草芽胞杆菌是含有芽胞的细菌,不容易被杀死。大肠埃希菌(或金黄色葡萄球菌)在液体培养基中的生长现象是均匀浑浊生长,而枯草芽胞杆菌会形成菌膜。

【材料】

(1)菌种。大肠埃希菌、金黄色葡萄球菌和枯草芽胞杆菌。

(2)培养基。液体培养基(学生自己制备),需将制备好的培养基装在试管里,灭菌,备用。

(3)器材。沸水浴、试管架、37℃恒温培养箱。

【方法】

每组取 2 个试管,标记,无菌操作下分别接种大肠埃希菌(或金黄色葡萄球菌)和枯草芽胞杆菌,接种后放在试管架上沸水浴煮沸 5 分钟,置于 37℃恒温培养箱培养 24 小时,观察结果。

【结果】

接种大肠埃希菌(或金黄色葡萄球菌)的试管培养基是清澈透明的,接种枯草芽胞杆菌的试管在液体培养基表面会长出菌膜。

实验十五　紫外线杀菌实验

【目的】

通过准备和制备实验材料的过程,培养学生的动手能力和运用知识综合分析问题和解决问题的能力。

【原理】

波长为 200～300nm 的紫外线具有杀菌作用,其中以 265～266nm 最强。紫外线可以通过干扰细菌 DNA 的复制和转录杀死细菌,但是穿透力较弱,普通玻璃、纸张等均能阻挡。

【材料】

(1)菌种。大肠埃希菌、金黄色葡萄球菌。

(2)培养基。营养琼脂培养基(学生自己制备)。

(3)器材。紫外线灯、纸片、37℃恒温培养箱。

【方法】

每组取 2 个平板,标记,无菌操作下密集接种一种细菌,半开盖放在紫外灯光下照射,照射距离最好不要超过 2m,时间 30 分钟,也可在密集接种完细菌后将剪成一定形状(如心形)的纸片贴在培养基上,然后在紫外灯光下照射。照射时要将培养皿的盖子完全打开,照完后将纸片去掉,置于 37℃恒温培养箱培养。

【结果】

将平板半开盖放在紫外灯光下照射,直接照射的细菌被杀死,经培养后长出的菌落很少甚至没有,用盖子盖上的那部分经培养后会长出很多菌落或菌苔,形成半弧形的分界线。在平板上贴纸片照射的可出现心形图案。

实验十六　手指皮肤消毒实验

【目的】

通过准备和制备实验材料的过程,培养学生的动手能力和综合运用知识分析问题的能力。

【原理】

碘伏和 75％ 乙醇是非常常用的化学消毒剂,可以对皮肤进行消毒。

【材料】

碘伏、75％乙醇、棉棒、营养琼脂培养基(学生自己制备)。

【方法】

每2个同学1个平板,在平板底部标记,从平板中心向外5等分,标注1、2、3、4、5,无菌操作。2个同学分别将未消毒的手指在培养基"1、2"处涂抹,待用碘伏或75％乙醇消毒后在"3、4"处涂抹,"5"做对照,置于37℃恒温培养箱培养24小时,观察结果。

也可对比碘伏和75％乙醇的消毒效果。

【结果】

消毒前菌落较多,消毒后菌落较少。对照部分应无菌落,若有,说明无菌操作不严格。

注意事项

(1)涂抹时要求无菌操作,若空气中的细菌落在培养基上,会对实验结果造成影响。

(2)消毒前和消毒后用同一根手指。

（康　曼　陈　莉）

第三章 常见病原微生物学实验

实验十七 葡萄球菌属的培养与观察

【目的】

(1)掌握葡萄球菌血浆凝固酶试验的原理和方法。

(2)掌握葡萄球菌的分离培养与鉴定方法。

(3)熟悉葡萄球菌的菌落特点、菌体形态及染色性。

【原理】

致病性葡萄球菌能产生血浆凝固酶,可使枸橼酸钠或肝素抗凝的人或动物血浆发生凝固;非致病性葡萄球菌不产生此酶,因而不能凝固血浆。此酶有两种存在形式,其中,结合型凝固酶常采用玻片法检测,游离型凝固酶采用试管法检测。

【材料】

(1)菌种。待检葡萄球菌、金黄色葡萄球菌血琼脂平板培养物、表皮葡萄球菌(或其他凝固酶阴性葡萄球菌)培养物。

(2)试剂。兔血浆、生理盐水、3%H_2O_2。

(3)主要器材。恒温水浴箱、载玻片、试管、吸管。

【方法】

(1)玻片法。取稀释的新鲜兔血浆(或人血浆)和生理盐水各 1 滴,分别滴于载玻片上,挑取待检葡萄球菌菌落少许,分别与生理盐水和血浆混合,立即观察结果。此法用于测定结合型凝固酶(凝聚因子)。

(2)试管法。取 3 支 10mm×100mm 试管,各加 0.5ml 1∶4 稀释的新鲜兔血浆(或人血浆),在其中 1 支试管中加 3～5 个待检菌落,充分研磨混匀,另 2 支试管中分别加凝固酶阳性菌株和阴性菌株做对照,置于 37℃ 水浴中 3～4 小时,观察结果。此法用于测定游离型凝固酶。

血浆凝固酶试验被广泛用于常规鉴定金黄色葡萄球菌与其他葡萄球菌,常作为鉴定葡萄球菌致病性的主要依据之一。金黄色葡萄球菌的凝固酶阳性,表皮葡萄球菌和腐生葡萄球菌的凝固酶阴性。

【结果】

(1)形态观察。3 种葡萄球菌的形态基本相同,均为革兰阳性球菌。

（2）菌落观察。在普通琼脂平板上，35℃下孵育 18～20 小时后，3 种葡萄球菌均形成中等大小、圆形凸起、表面光滑、湿润、边缘整齐、不透明的菌落，并可产生不同的脂溶性色素，使菌落呈现不同的颜色，如金黄色葡萄球菌呈金黄色、表皮葡萄球菌大多呈白色、腐生葡萄球菌大多呈柠檬色。在血琼脂平板上，3 种葡萄球菌的菌落特点与它们在普通琼脂平板上的菌落相同，但金黄色葡萄球菌菌落周围有完全溶血环（β-溶血），而腐生葡萄球菌和大多数表皮葡萄球菌菌落周围无溶血环。

（3）血浆凝固酶试验。

1）玻片法观察。细菌在生理盐水中无自凝，菌液呈均匀浑浊状态，凝固酶试验为阴性；菌液聚集成团块或颗粒状，而生理盐水中无此现象为阳性。

2）试管法。首先观察阳性、阴性对照管，将试管倾斜时不流动呈胶冻状或试管中出现明显凝块者判为阳性；试管内血浆能流动，无凝固团块者为阴性。然后再观察待测菌的试验结果。

【生化反应】

（1）触酶试验。用接种环挑取普通琼脂平板上的葡萄球菌，置于洁净载玻片上，滴加 3%H_2O_2 溶液 1～2 滴，于半分钟内产生大量气泡者，为触酶试验阳性，而不产生气泡者为阴性。本试验用于鉴别葡萄球菌和链球菌，前者为阳性，后者为阴性。

（2）耐热核酸酶测定。

1）玻片法。取熔化好的甲苯胺蓝核酸琼脂 3ml，均匀地浇在载玻片上，待琼脂凝固后打上 6～8 个孔径 2～5mm 的小孔，各孔分别加 1 滴经沸水浴 8 分钟处理过的待检葡萄球菌和阳性、阴性葡萄球菌培养物，置于 37℃环境下孵育 3 小时，观察有无粉红色圈及粉红色圈的大小。

2）平板法。在已形成葡萄球菌菌落的平板上挑选待检菌落并做好标记，置于 60℃烤箱加热 2 小时（使不耐热的 DNA 酶灭活），取出后于平板上倾注 10ml 已预先熔化的甲苯胺蓝核酸琼脂，置于 37℃环境下孵育 3 小时，观察菌落周围有无粉红色圈。

玻片法孔外出现粉红色圈的为阳性，平板法葡萄球菌菌落周围呈粉红色圈的为阳性，不变色者为阴性。金黄色葡萄球菌耐热核酸酶阳性，表皮葡萄球菌和腐生葡萄球菌耐热核酸酶阴性。

（3）甘露醇发酵试验。将 3 种葡萄球菌分别接种于甘露醇发酵管，置于 35℃环境下孵育 18～24 小时后观察结果。培养基呈浑浊、由紫色变为黄色的，为甘露醇发酵试验阳性，仍为紫色者为阴性。金黄色葡萄球菌甘露醇发酵试验为阳性，表皮葡萄球菌和腐生葡萄球菌为阴性。

（4）新生霉素敏感试验。

1）原理。表皮葡萄球菌对新生霉素敏感，而腐生葡萄球菌则对新生霉素耐药。故该试验可用于表皮葡萄球菌和腐生葡萄球菌的鉴别。

2）方法。取待检菌均匀涂布于血琼脂平板上，再贴上每片 5μg 的新生霉素纸片，置于 35℃环境下孵育 16～20 小时，观察抑菌圈大小。试验时应以金黄色葡萄球菌作为阳性对照，以确认纸片是否失效。

3）结果。抑菌圈直径 ≤ 16mm 为耐药，> 16mm 为敏感。此试验是用于鉴别表皮葡萄球菌和腐生葡萄球菌，前者敏感，后者耐药。

（5）胶乳凝集试验。

1）原理。在金黄色葡萄球菌中，96% 的细菌具有能与纤维蛋白原相结合的蛋白受体，90% 的细菌具有葡萄球菌 A 蛋白（SPA）。当金黄色葡萄球菌与预先用纤维蛋白原和抗 SPA

的单克隆抗体致敏的乳胶颗粒相遇时,即可出现肉眼可见的凝集。该方法可同时测定金黄色葡萄球菌的凝聚因子和 SPA 两种特性,故准确性高,且操作简便、快速。

2)方法。先将致敏的乳胶试剂充分摇匀,在一次性卡片的两个不同区域各滴加 1 滴致敏试剂,然后用接种环挑取待鉴定葡萄球菌的新鲜培养物加入试验区,对照区则滴加 1 滴对照试剂,轻轻混匀、乳化,并轻摇卡片,观察结果。

3)结果。若试验区在 30 秒内发生凝集,而对照区无凝集,可判定被检菌为金黄色葡萄球菌。

【血清学试验】

(1)原理。金黄色葡萄球菌肠毒素与肠毒素抗血清在琼脂板上可形成白色沉淀线。

(2)方法。将熔化的 10g/L 盐水琼脂 3ml 倾注于载玻片上,在载玻片中央打一小孔,加入肠毒素抗血清,在四周打 4 个小孔,孔内分别加入标准肠毒素(阳性对照)、液体培养基(阴性对照)及待检培养物经处理后的上清液,加满为止,然后放入湿盒中,置于 35℃ 环境下孵育24 小时后观察结果。

(3)结果。在中央孔和待检菌孔之间出现白色沉淀线为阳性,无白色沉淀线为阴性。此试验用于检测金黄色葡萄球菌是否产生肠毒素。

【动物实验】

(1)原理。金黄色葡萄球菌产生的肠毒素是一种耐热性蛋白质,通常在 100℃、30 分钟不被破坏,注入动物体内后可产生食物中毒的症状。

(2)方法。将金黄色葡萄球菌 48 小时肉汤培养物煮沸 30 分钟(杀死金黄色葡萄球菌而不破坏肠毒素),并经 3000r/min 离心 1 小时后,取上清液 2ml 注入幼猫静脉或腹腔,15 分钟至 2 小时内观察幼猫的情况。

(3)结果。幼猫发生呕吐、腹泻、体温升高、寒战等症状,表明动物肠毒素实验阳性,无变化则为阴性。这是检测金黄色葡萄球菌是否产生肠毒素的体内实验,可用于诊断金黄色葡萄球菌引起的人类食物中毒。

注意事项

(1)触酶试验不宜用血琼脂平板上的菌落,因红细胞内含有触酶,会出现假阳性反应。此外,陈旧培养物可丢失触酶活性,而出现假阴性反应。因此,每次做触酶试验一定要用阳性菌株和阴性菌株做对照。阳性对照可用金黄色葡萄球菌,阴性对照可用链球菌。

(2)在临床检验中,常遇到血浆凝固酶阴性的葡萄球菌,不能轻率地做出非致病性葡萄球菌或污染菌的结论。因血浆凝固酶阴性的葡萄球菌也可引起菌血症、尿路感染和心内膜炎等。

实验十八　埃希菌属的培养与观察

【目的】

(1)掌握大肠埃希菌的形态、染色特性、培养特性、生化反应、常见类型及鉴定依据。

(2)掌握革兰染色、吲哚试验和甲基红试验的基本原理及其检测方法。

【原理】

(1)革兰染色原理。革兰染色是丹麦医生于 1884 年发明的一种鉴别不同类型细菌的染色方法。根据细菌细胞壁的组分和结构不同,通过革兰染色法可将所有的细菌区分为两大类:革兰阳性菌和革兰阴性菌。在染色的过程中,通过结晶紫初染和碘液媒染后,在细胞壁内形成了不溶于水的结晶紫与碘的复合物,革兰阳性菌由于细胞壁较厚、肽聚糖网层次较多且交联致密,故遇乙醇脱色处理时,因失水反而使网孔缩小,再加上它不含类脂,因此,乙醇处理不会出现缝隙,能把结晶紫与碘复合物牢牢留在壁内,仍呈紫色;而革兰阴性菌因细胞壁薄、外膜层类脂含量高、肽聚糖层薄且交联度差,在遇脱色剂后,以类脂为主的外膜迅速溶解,薄而松散的肽聚糖网不能阻挡结晶紫与碘复合物的溶出,因此,通过乙醇脱色后呈无色,再经稀释复红染液复染后,呈红色。

(2)吲哚试验原理。不同细菌所含酶系统不同,某些细菌因含有色氨酸酶,能分解培养基内蛋白胨中的色氨酸,产生吲哚,吲哚与柯氏试剂中的对二甲基苯甲醛结合,形成玫瑰红色化合物,即玫瑰吲哚。

(3)甲基红试验原理。大肠埃希菌和产气肠杆菌均属于革兰阴性短杆菌,并且都能分解葡萄糖、乳糖而产酸、产气,两者不易区别。但两者所产生的酸类和总酸量不同,大肠埃希菌分解葡萄糖可产生甲酸、乙酸、乳酸、琥珀酸等多种酸,而产气肠杆菌只产生甲酸、乙醇和乙酰甲基甲醇。大肠埃希菌产酸能力强,培养液酸性强,pH 在 4.5 以下,加入甲基红指示剂呈红色,为甲基红试验阳性;产气肠杆菌将分解葡萄糖产生的两分子丙酮酸转变成一分子中性的乙酰甲基甲醇,故生成酸类少,培养液最终 pH 在 5.4 以上,加入甲基红指示剂呈橘黄色,甲基红试验阴性。

【材料】

(1)菌种。混合菌液(大肠埃希菌和葡萄球菌的混合菌液)、普通大肠埃希菌(*E.coli*)、产气肠杆菌(*Enterobacter aerogenes*)。

(2)培养基。蛋白胨水培养基、葡萄糖蛋白胨水培养基、伊红亚甲蓝平板。

(3)试剂。革兰染色液、柯氏试剂、甲基红指示剂。

(4)主要器材。试管、接种环、酒精灯、无菌手术器械、纱布、无菌滴管等。

【方法】

(1)革兰染色。

1)取材,涂片标本的制作。①涂片:取清洁载玻片一张,用玻璃笔在背面画出 2 个直径 1～2cm 的涂抹区。将接种环在火焰上烧灼灭菌,然后分别取满环生理盐水,加在涂抹区中央,取混合细菌培养物涂抹于生理盐水区域内,接种环在火焰上烧灼灭菌。②干燥:制备的涂片在室温中自然干燥,或者放在离火焰约半尺高处慢慢烘干,切勿过热,以免将涂膜烤焦。③固定:手持干燥涂片一端,使涂抹面向上,来回通过火焰 3 次。固定涂抹面的目的是高温杀死细菌,使细菌固着在载玻片上,以免染色时脱落,并且固定后细菌蛋白凝固,易于着色。涂片自然冷却后再行染色。

2)革兰染色。①初染:在涂片上滴加结晶紫染液 1～2 滴,染液量以能覆盖整个涂抹面为准,静染 1 分钟,用细水流从倾斜载玻片的一端将游离的染液洗去。②媒染:滴加碘液,作用 1～2 分钟后水洗。碘液是媒染剂,能够使染料和革兰阳性菌结合得更牢固,而对革兰阴性菌则无此作用。③脱色:滴加 95％ 乙醇数滴,前后轻轻转动,使乙醇在涂抹面上流动。此过程中,见有紫色染料随乙醇脱下。若脱色不完全,乙醇已流失,可再加数滴,直至涂抹面无紫色染料脱下为止(15～30 秒),立即水洗。此时,革兰阳性菌经结晶紫初染与碘液媒染后,不易被乙醇脱色,仍保留紫色;革兰阴性菌则被乙醇脱去紫色,变成染色前的无色半透明状态。④复染:滴加沙黄或稀释复红染液 1～2 滴,作用 1 分钟后水洗。革兰阳性菌,虽再经稀释复红的作用,仍显紫色;而已被乙醇脱色的革兰阴性菌则经稀释复红染液染色后成红色。用吸水纸吸干标本片上的水珠(或待标本片自然干燥),并用油镜观察。

(2)吲哚试验。将大肠埃希菌分别接种在蛋白胨水培养基中,经 37℃ 孵育 18～24 小时后,加入 3～5 滴柯氏试剂,充分振荡后静置观察颜色变化。

(3)甲基红试验。将大肠埃希菌分别接种在葡萄糖蛋白胨水培养基中,经 37℃ 环境下孵育 18～24 小时后,加入甲基红指示剂观察结果。

【结果】

(1)形态观察。混合细菌培养液中可见被染成蓝紫色的球菌和被染成红色的杆菌。大肠埃希菌革兰染色成革兰阴性中等大小杆菌、两端钝圆、多呈单个分散存在,在观察鞭毛染色标本中可见本菌为周毛菌。

(2)菌落观察。取普通大肠埃希菌等菌株分别接种在伊红亚甲蓝平板上,经 37℃ 培养18～24 小时观察结果。大肠埃希菌可以分解乳糖产酸,使伊红与亚甲蓝结合菌落呈带金属光泽的紫黑色,在伊红亚甲蓝琼脂平板上形成紫黑色具有金属光泽、大而隆起、不透明的菌落。

(3)吲哚试验。

1)试验管。大肠埃希菌试管中液体浑浊,颜色仍为黄色。产气肠杆菌试管中液体浑浊,颜色也为黄色。证明均有菌生长。

2)加柯氏试剂。大肠埃希菌试管中液体上层即为柯氏试剂层,出现玫瑰红色,证明其为吲哚试验阳性。产气肠杆菌试管中液体未出现红色,证明其为吲哚试验阴性。

(4)甲基红试验。

1)试验管。大肠埃希菌试管中液体浑浊,颜色仍为黄色。产气肠杆菌试管中液体浑浊,颜色也为黄色。证明均有菌生长。

2)加甲基红指示剂。大肠埃希菌试管中液体变成红色,证明其为甲基红试验阳性。产气肠杆菌试管中液体由红转黄,呈橘黄色,证明其为甲基红试验阴性。

注意事项

(1)革兰染色时,应注意载玻片要洁净,滴无菌水和取菌不宜过多,涂片要均匀,不宜过厚;热固定温度不宜过高,否则会改变甚至破坏细胞形态;水洗时不要直接冲洗涂面,以免涂片薄层脱落。

(2)乙醇脱色是革兰染色操作的关键环节,革兰染色结果是否正确,与之密切相关。脱色不足,阴性菌被污染成阳性菌;脱色过度,阳性菌被误染成阴性菌。

(3)吲哚试验中,玫瑰吲哚与水互不相溶,而溶于有机试剂,可被萃取在所加入的柯氏试剂层中。在观察结果时,振荡后应静置观察,只在液面上层出现玫瑰红色。

(4)甲基红试验中,加完指示剂后需充分振荡,以便反应时与空气中的氧气接触而氧化。另外,此反应速度较慢,需 5～10 分钟才能出现结果。

实验十九 链球菌属的培养与观察

【目的】

(1)掌握链球菌的分离培养与鉴定方法。

(2)掌握抗链球菌溶血素"O"试验。

(3)熟悉链球菌的菌落特点、菌体形态及染色性。

【原理】

分溶血法和胶乳法两种,两种方法的实验设计不同,但后者简便、快速,使用越来越广泛。

(1)溶血法原理。为毒素和抗毒素的中和实验。A群溶血性链球菌产生的溶血素"O" (SLO)是一种含—SH基的蛋白质毒素,能溶解红细胞,不耐热,易被氧化而失去溶血能力,但加入还原剂则可使其恢复溶血能力。同时它有很强的抗原性,人感染 $2\sim3$ 周后,$85\%\sim90\%$ 的患者血清中可出现相应抗"O"抗体,这种抗体能中和溶血素"O",使之失去溶血能力。

$$\text{待检血清}\begin{cases}\text{抗"O"抗体}+SLO+RBC \quad \text{不溶血} \quad \text{阳性}\\ \text{无抗"O"抗体}+SLO+RBC \quad \text{溶血} \quad \text{阴性}\end{cases}$$

(2)胶乳法原理。ASO高滴度的患者血清被适量的溶血素"O"中和后,失去了正常水平量的抗体,未被中和掉的ASO与ASO胶乳试剂反应,出现清晰、均匀的凝集颗粒(ASO胶乳试剂系羧化聚苯乙烯胶乳与溶血素"O"共价交联的产物);如抗体全部被中和掉,则不出现凝集现象,为阴性。

【材料】

(1)菌种。甲、乙、丙型链球菌,肺炎链球菌,β-溶血性金黄色葡萄球菌。

(2)培养基。血琼脂平板、马尿酸钠培养基、血清肉汤、菊糖发酵管。

(3)试剂。革兰染色液、$FeCl_3$ 试剂、100g/L去氧胆酸钠溶液、链球菌分群胶乳试剂、溶血素"O"及还原剂、ASO胶乳试剂、亚甲蓝溶液。

(4)主要器材。杆菌肽纸片、Optochin纸片、无菌生理盐水、待检血清、2%兔红细胞、反应板、家兔、小白鼠、小试管、注射器、剪刀等。

【方法】

(1)溶血法。先将待检血清以56℃、30分钟灭活,然后用生理盐水按1:100、1:500稀释,再取11支试管并做好序号标记,按表3-1指示量分别滴加1:100稀释血清、1:500稀释血清、缓冲液、溶血素和兔红细胞进行操作。

表 3-1 链球菌培养

试剂	1	2	3	4	5	6	7	8	9	10	对照
1:100 稀释血清/ml	0.5	0.4	0.3	0.2	0.15	—	—	—	—	—	—
1:500 稀释血清/ml	—	—	—	—	—	0.5	0.4	0.3	0.2	0.1	—
pH6.5 缓冲液/ml	—	0.1	0.2	0.3	0.35	—	0.1	0.2	0.3	0.4	0.5

（续　表）

试剂	1	2	3	4	5	6	7	8	9	10	对照
溶血素"O"/ml	0.25	0.25	0.25	0.25	0.25	0.25	0.25	0.25	0.25	0.25	0.25
				混匀，置于 37℃ 水浴 15 分钟							
2% 兔红细胞	0.25	0.25	0.25	0.25	0.25	0.25	0.25	0.25	0.25	0.25	0.25
				混匀，置于 37℃ 水浴 15 分钟							
血清稀释倍数	100	125	166	250	330	500	625	833	1250	2500	—

（2）胶乳凝集法。先将待检血清以 56℃、30 分钟灭活，然后用生理盐水按 1∶15 稀释。在反应板各孔内分别滴加稀释血清、阳性和阴性对照血清各 1 滴（50μl），再于各孔内滴加 1 滴溶血素"O"溶液，轻摇 1 分钟混匀，最后在各孔内分别滴加 1 滴 ASO 胶乳试剂，轻摇 3 分钟（18～20℃）后观察结果。

【结果】

（1）形态观察。链球菌为革兰阳性球菌，圆形或卵圆形，成双或呈链状排列。链的长度因菌种和培养基的不同而有明显差异，一般在液体培养基中易形成长链；肺炎链球菌为矛头状、成双排列的革兰阳性球菌。

（2）菌落观察。链球菌在血琼脂平板上生长后出现灰白色、圆形凸起、表面光滑、边缘整齐的针尖大小菌落，菌落周围可出现不同的溶血情况。甲型链球菌菌落周围出现草绿色溶血环（α-溶血，不完全溶血），乙型链球菌菌落周围出现透明溶血环（β-溶血，完全溶血），丙型链球菌菌落周围无溶血环。肺炎链球菌在血琼脂平板上出现的菌落与甲型链球菌相似，但培养 2～3 天后，因菌体发生自溶，菌落中心凹陷呈"脐状"。

（3）溶血法。对光观察试管内上清液有无溶血现象，以完全不溶血的血清最高稀释倍数为该血清的 ASO 单位，大于 500U 为阳性（若取出的试管结果不易观察，则将试管做 1500r/min 离心 3 分钟后再观察）。ASO 阳性可认为患者近期受溶血性链球菌感染过，可辅助诊断风湿热、肾小球肾炎等疾病。小于 500U 为阴性。

（4）胶乳凝集法。出现清晰凝集为阳性，不凝集为阴性（ASO≤250U/ml）。

【生化反应】

（1）杆菌肽敏感试验。

1）原理。A 群溶血性链球菌对杆菌肽几乎 100% 敏感，而其他链球菌对杆菌肽通常耐药，故此试验可对链球菌进行鉴别。

2）方法。挑取被检的链球菌菌落，密集涂布于血琼脂平板上，将杆菌肽纸片（每片0.04U）贴于血琼脂平板上，于 35℃ 环境下孵育 18～24 小时观察结果。

3）结果。在杆菌肽纸片周围出现明显抑菌环（>10mm）为杆菌肽敏感试验阳性；抑菌环小于 10mm 为阴性（对杆菌肽耐受）。此试验是鉴别 A 群和其他群链球菌的一个重要试验，A 群链球菌为阳性，其他群链球菌为阴性。

（2）CAMP 试验。

1）原理。B 群溶血性链球菌（无乳链球菌）能产生 CAMP 因子，该物质可促进金黄色葡萄球菌 β-溶血素的活性，故在血琼脂平板上两种细菌交界处溶血力增强，形成箭头状透明溶血区。

2)方法。于羊血琼脂平板上,用金黄色葡萄球菌画种一条横线,再于该直线的垂直平分线处用被检菌接种一条垂直短线,两线不能相交,相距 3～5mm,于 35℃ 下培养 18～24 小时观察结果。同时设阳性(B 群链球菌)对照和阴性(A 群或 D 群链球菌)对照。

3)结果。在两种细菌画线的交接处出现箭头形透明溶血区为阳性,否则为阴性。此试验是鉴别 B 群链球菌和其他链球菌的一个重要试验,前者为阳性,后者为阴性(一般不产生CAMP)。

(3)马尿酸钠水解试验。

1)原理。B 群链球菌有马尿酸水解酶,可水解马尿酸为苯甲酸和甘氨酸,苯甲酸可与$FeCl_3$结合,形成苯甲酸铁沉淀。

2)方法。取待检菌纯培养物接种于马尿酸钠培养基,于 35℃下孵育 48 小时,3000r/min离心 30 分钟,吸取上清液 0.8ml 于另一试管中,加入 $FeCl_3$试剂 0.2ml,立即混匀,10～15 分钟观察结果。

3)结果。出现恒定沉淀物为阳性,如果虽有沉淀物,但轻摇后立即溶解为阴性。此试验用于鉴别 B 群链球菌和其他群链球菌,前者为阳性,后者为阴性。

(4)Optochin 敏感试验。

1)原理。Optochin(乙基氢化羟基奎宁,ethylhydrocupreine)能干扰肺炎链球菌叶酸合成,抑制该菌的生长,故肺炎链球菌对 Optochin 敏感。而其他链球菌对其耐药。

2)方法。挑取待检菌密集画线接种在血琼脂平板上,贴放 Optochin 纸片(每片 5μg),于35℃下孵育 18～24 小时,观察抑菌环大小。

3)结果。抑菌环直径≥ 14mm 为阳性,<14mm 为阴性。此试验用于鉴别肺炎链球菌和甲型链球菌,前者为阳性,后者为阴性。

(5)胆汁溶菌试验。

1)原理。胆汁或胆盐能活化肺炎链球菌的自溶酶,促进细菌细胞膜破损或菌体裂解自溶。

2)方法。①平板法:在血琼脂平板上选择出待检的呈草绿色溶血的菌落,观察记录菌落特点,然后于菌落上加 1 滴 100g/L 去氧胆酸钠溶液,于 35℃下孵育 30 分钟观察结果。②试管法:将甲型链球菌和肺炎链球菌血清肉汤培养液 1ml 分别加入 2 支试管,再于各管中加100g/L 去氧胆酸钠溶液 0.1ml,摇匀后置 37℃水浴 30 分钟后观察结果。

3)结果。平板法若菌落消失为阳性,菌落不消失为阴性。试管法若液体由浑浊变为透明为阳性,菌悬液仍然浑浊为阴性。此试验是用于鉴别肺炎链球菌和甲型链球菌的重要试验,前者为阳性,后者为阴性。

(6)菊糖发酵试验。

1)原理。肺炎链球菌能发酵菊糖产酸,使培养基 pH 降低,颜色改变。

2)方法。将被检菌接种在菊糖发酵管中,于 35℃下孵育 18～24 小时观察结果。

3)结果。培养基由紫色变为黄色为阳性,不变色为阴性。肺炎链球菌为阳性,甲型链球菌为阴性。

【动物实验】

(1)透明质酸酶试验。

1)原理。A 群溶血性链球菌能产生透明质酸酶(扩散因子),可溶解机体结缔组织中的透明质酸,使组织疏松,通透性增高,有利于细菌在组织中扩散。

2)方法。取家兔 1 只,剪去背部两侧(10cm×10cm)的毛,常规消毒。待检菌 24 小时血清肉汤培养物 3000r/min 离心 30 分钟,吸取上清液 1ml 于试管中,加入 0.1ml 亚甲蓝溶液混匀,用注射器吸取 0.2ml 注射于家兔背部一侧消毒处皮内,另一侧皮内注射仅含亚甲蓝的血清肉汤做对照。注射后 20~60 分钟观察结果。

3)结果。比较两侧亚甲蓝溶液在皮内扩散范围,若试验侧亚甲蓝扩散圈直径较对照侧大 2 倍以上为阳性,反之为阴性。此试验用于 A 群溶血性链球菌的鉴定和测定其致病性。

(2)小白鼠毒力试验。

1)原理。小白鼠对肺炎链球菌十分敏感,少量有荚膜的肺炎链球菌可使小白鼠感染致死。

2)方法。将待检菌 24 小时血清肉汤培养液稀释为 $10×10^8$ CFU/ml,抽取 0.5ml 注射于小白鼠腹腔,饲养 1~2 天,观察小白鼠情况。

3)结果。若小白鼠在 1~2 天内死亡为阳性,解剖做腹腔印片、革兰染色镜检,可见革兰阳性、有荚膜的双球菌。小白鼠不死亡为阴性。此试验可用于肺炎链球菌和甲型链球菌的鉴别,前者为阳性,后者为阴性。

注意事项

(1)近年来,已发现对 Optochin 耐药的肺炎链球菌。因此,若抑菌环直径较小,应再做胆汁溶菌试验,以证实是否为肺炎链球菌。

(2)除 A 群链球菌外,少数(约 6%)B 群链球菌及 10%~20% 的 C 群和 G 群链球菌对杆菌肽亦呈敏感,可借生化试验加以区分。

(3)做 ASO 胶乳凝集试验时,当加入 ASO 胶乳后,轻摇至本说明规定的时间应立即记录结果,超过规定时间才出现的凝集不视为阳性。如标本存在溶血、高脂、高胆红素、高胆固醇血液、类风湿因子以及标本被细菌污染等情况都会影响试验结果。胶乳试剂不可冻存,宜放 4℃ 冰箱中,有效期为 1 年,用前摇匀。室温低于 10℃,在胶乳试剂加后应延长反应时间 1 分钟;室温升高 10℃,应缩短反应时间 1 分钟。

实验二十　结核分枝杆菌的培养与观察

【目的】

(1)掌握结核分枝杆菌形态、培养特性和常用鉴定方法。

(2)熟悉非结核分枝杆菌鉴定的常用试验。

【原理】

结核分枝杆菌菌体脂质成分中含有的分枝菌酸具有抗酸性,经加热处理被石炭酸复红着色后,能够抵抗 3% 盐酸乙醇的脱色作用,因此抗酸菌染成复红的颜色。非抗酸菌脱色后被碱性亚甲基蓝染成蓝色。抗酸染色法在临床上是鉴别结核分枝杆菌的重要方法之一。

【材料】

(1)菌种。混合菌液［结核分枝杆菌、卡介苗(ECG)、非结核分枝杆菌的混合菌液］。

(2)培养基。改良罗氏(L-J)培养基。

(3)试剂。抗酸染色液、金胺"O"荧光染色液、40g/L NaOH 溶液、2% H_2SO_4 溶液、10% Tween 80 水溶液、30% H_2O_2 溶液、0.3%苯扎溴铵溶液。

(4)其他。载玻片、普通或荧光显微镜、汽油、香柏油、蒸馏水、酒精灯等。

【方法】

(1)菌落观察。取混合菌液 0.1ml 均匀接种于 L-J 培养基斜面上,每份标本接种 2 支培养基,将试管 15°斜置,37℃孵箱培养 1 周后将培养管直立于试管架上,继续培养至第 8 周。初次分离培养需要 5%～10% CO_2。

(2)形态观察。

1)涂片。用接种环挑取约 0.01ml 混合菌液,制成 10mm×10mm 大小的均匀薄涂片;或取上述标本约 0.1ml,制成 20mm×15mm 大小的厚膜涂片。自然干燥,火焰固定后,行抗酸染色,前者用油镜检查,后者用荧光显微镜高倍镜检查。

2)染色。

抗酸染色法。初染:将已固定的涂片置于染色架上或用染色夹子夹住,滴加石炭酸复红染液,并于载玻片下方以弱火加热至出现蒸气(勿煮沸或煮干),随时补充染液以防干涸,持续 5 分钟,水洗。脱色:用 3% 盐酸乙醇脱色,直至涂片无红色染液脱下为止(不可超过 10 分钟),水洗。复染:用碱性亚甲基蓝复染 0.5 分钟,集菌涂片复染 1～3 分钟,水洗或印干(印干用的滤纸只能使用 1 次),用油镜检查并记录结果。

金胺"O"荧光染色法。荧光染色:取标本涂片滴加荧光染液金胺"O"染色 10～15 分钟后水洗。脱色:用 3% 盐酸乙醇脱色 1～2 分钟至无黄色,水洗。复染:用对比染液 0.5% 高锰酸钾复染 1～3 分钟,水洗,待干镜检。

【结果】

(1)菌落观察。结核分枝杆菌在 L-J 培养基上,菌落特点为干燥、粗糙、颗粒状、乳白色或米黄色、凸起、形似花菜心或粟米粒。于接种后第 1 周内观察 2 次,以后每周观察 1 次细菌生长情况,注意菌落形态、数量、色泽变化和出现菌落的时间等。

(2)抗酸染色结果。

1)抗酸染色法。油镜观察涂片,在淡蓝色背景下可见染成红色细长或略带弯曲的杆菌,并有分枝生长趋向,此为抗酸染色阳性菌。其他细菌和细胞为蓝色。直接涂片标本中常见菌体单独存在,偶见团聚成堆者。

2)荧光染色法。高倍镜观察涂片,在暗视野背景下抗酸菌呈黄绿色或橙黄色荧光,荧光染色后涂片应在 24 小时内检查。

注意事项

(1)石炭酸复红加温染色时切勿使染色液沸腾,且应始终保持涂片被染色液覆盖,为防止将染液烘干,应及时添加染液。

(2)脱色应彻底,避免造成假阳性结果。

(3)接种标本于 L-J 培养基后,需反复倾斜培养管,使标本均匀分布。

(史文婷)

第四章　药物微生物学检查

第一节　注射药品的无菌检查

注射药物直接进入人体的血液系统或肌肉、皮下组织,如果其中含有活的微生物,很容易造成人体的感染,引起一系列并发症,对患者的身体造成危害,所以国家卫生法规明确规定,注射剂在出厂前必须进行无菌检查,注射药品经《中华人民共和国药典》(2015年版)(以下简称《中国药典》)规定的方法检查后应符合无菌的要求。《中国药典》规定的无菌检查法有薄膜过滤法和直接接种法,在药品性状许可的情况下,应优先选用薄膜过滤法。

药品抽样的标准操作方法

1. 按该批号药品实物总件数计算抽取件数　每批不足2件时,应逐件检查验收;50件以下抽取2件;50件以上,每增加20件,增加抽取1件,不足20件按20件计。

2. 整件样品的抽取　按计算抽取件数抽取药品,按药品堆垛情况,以前上、中侧、后下的堆垛层次的相应位置随机抽取。

3. 抽取最小包装单位样品　从每件上、中、下的位置随机抽取,抽样量应为检验用量(2个以上最小包装单位)的3倍量(以备复试)。

最后,做好抽样记录。

操作时应注意以下要点:①抽样时,凡发现有异常或可疑的样品,应优先抽检,但机械损伤、明显破裂的包装不得作为样品。②凡能从药品、瓶口(外盖内侧及瓶口周围)外观看出长螨、发霉、虫蛀及变质的药品,可直接判为不合格品,无须再抽样检验。③供试品在检验之前,应保持原包装状态,严禁开启。包装已开启的样品不得作为供试品。④供试品在检验之前,应保存在阴凉干燥处,勿冷藏或冷冻,以防供试品内污染菌因保存条件不妥致死、损伤或繁殖。

实验二十一　氯化钠注射液的无菌检查

【目的】

(1)掌握薄膜过滤法进行无菌检测的方法和流程。

(2)熟悉无菌检测常用的培养基及无菌检测法的结果判断标准。

【原理】

注射剂都应按照《中国药典》规定的方法进行无菌检测,证明无菌生长可判为合格。根据批产量抽取一定数量样品,按照装量量取一定量的样品在严格无菌的环境中让其通过滤膜,截留可能存在的微生物,然后分别加入一定量的厌氧、需氧及真菌培养基,在适当温度下培养一定时间,观察有无微生物生长。在严格无菌操作的条件下,若有微生物生长,生长的微生物必然来自药品本身,判为不合格;反之,经培养无微生物生长,判药品无菌检查合格。

【材料】

(1)主要器材。微孔滤膜(直径50mm,孔径0.45μm)、锥形瓶、量筒、载玻片、培养皿(直径90mm)、酒精灯、手术剪刀、镊子、刻度吸管、接种环、橡皮管、纱布、棉花(制棉塞、堵吸管及无菌试验均用原棉不用脱脂棉)、脱脂棉(消毒棉球)、无菌衣、裤、帽、口罩、鞋。

(2)试剂。0.9%氯化钠注射液、pH7.0氯化钠-蛋白胨缓冲液、0.2%苯扎溴铵溶液、75%乙醇溶液(制酒精棉球用)、含0.05%(v/v)聚山梨酯80的0.9%无菌氯化钠、硫乙醇酸盐培养基、胰酪大豆胨培养基、沙氏葡萄糖培养基、金黄色葡萄球菌(Staphylococcus aureus)[CMCC(B)26003]、铜绿假单胞菌(Pseudomonas aeruginosa)[CMCC(B) 10 104]、枯草芽胞杆菌(Bacillus subtilis)[CMCC(B)63501]、生孢梭菌(Clostridium sporogenes)[CMCC(B) 64 941]、白色念珠菌(Candida albicans)[CMCC(F) 98001]、黑曲霉(Aspergillus niger)[CMCC(F) 98003]。

(3)设备。全封闭式过滤器(ZW-2008)、集菌培养器、恒温培养箱(温度可调至20~25℃、30~35℃等所需温度)、高压蒸汽灭菌器、电热恒温干燥箱、生物学显微镜(1500×)。

【方法】

(1)试验准备。

1)培养基的适用性检查。无菌检查用的硫乙醇酸盐流体培养基和胰酪大豆胨液体培养基等应符合培养基的无菌性检查及灵敏度检查的要求。

无菌性检查。随机抽取硫乙醇酸盐流体培养基和胰酪大豆胨液体培养基各5瓶,硫乙醇酸盐流体培养基置于30~35℃,胰酪大豆胨液体培养基置于20~25℃,培养14天,应无菌生长。

灵敏度检查。灵敏度检查包括菌液制备、培养基接种、结果判定3个部分。

菌液制备:接种金黄色葡萄球菌、铜绿假单胞菌、枯草芽胞杆菌的新鲜培养物至胰酪大豆胨液体培养基中,接种生孢梭菌的新鲜培养物至硫乙醇酸盐流体培养基中,30~35℃下培养18~24小时;接种白色念珠菌的新鲜培养物至沙氏葡萄糖液体培养基上,20~25℃下培养24~48小时。上述培养物用0.9%无菌氯化钠溶液制成每毫升含菌数小于100CFU(菌落形成单位)的菌悬液。

接种黑曲霉的新鲜培养物至沙氏葡萄糖琼脂斜面培养基上,20~25℃下培养5~7天,加入3~5ml含0.05%(v/v)聚山梨酯80的0.9%无菌氯化钠溶液,将孢子洗脱,然后用无菌吸管吸出孢子悬液至无菌试管内,用含0.05%(v/v)聚山梨酯80的0.9%无菌氯化钠溶液制成每毫升含孢子数小于100CFU的孢子悬液。

注:菌悬液在室温下放置应在2小时内使用,若保存在2~8℃可在24小时内使用。黑曲霉孢子悬液可保存在2~8℃,在验证过的贮存期内使用。

培养基接种(表4-1):取每管装量为12ml的硫乙醇酸盐流体培养基7支,分别接种小于100CFU的金黄色葡萄球菌、铜绿假单胞菌、生孢梭菌菌悬液1ml各2支,另1支不接种作为空白对照,30~35℃培养3天;取每管装量为9ml的胰酪大豆胨液体培养基7支,分别接种小于100CFU的枯草芽胞杆菌、白色念珠菌、黑曲霉菌悬液1ml各2支,另1支不接种作为空白对照,20~25℃下培养5天,逐日观察结果。

表 4-1　培养基灵敏度检查各培养基管接种

培养基	金黄色葡萄球菌/ml	铜绿假单胞菌/ml	生孢梭菌/ml	空白
硫乙醇酸盐流体培养基	1	1	1	—
（12 毫升/支，7 支）	1	1	1	—
		30～35℃培养 5 天		

培养基	枯草芽胞杆菌/ml	白色念珠菌/ml	黑曲霉/ml	空白
胰酪大豆胨液体培养基	1	1	1	—
（9 毫升/支，7 支）	1	1	1	—
		20～25℃培养 5 天		

结果判定：空白对照管应无菌生长，若加菌的培养基管均生长良好，判该培养基的灵敏度检查符合规定。

2）消毒。按表 4-2、4-3 规定随机抽取样品 10 瓶，去除标签，用酒精棉球消毒样品外表面并编号，由传递窗送入无菌检查区，其他物品包括无菌衣、培养基、稀释液等物品一并移入缓冲间，微生物洁净室应在每次操作前、后均用 0.1% 苯扎溴铵溶液或其他消毒液擦拭操作台及可能污染的死角。开启层流净化装置，同时用紫外灯照射 60 分钟。

表 4-2　出厂产品检验量

产品	每批产品数量/个	每种培养基所需的最少检验数量
注射剂	＜ 100	10% 或最少 4 个
	100～500	10 瓶（支）
	＞ 500	2% 或最多 20 个
眼用及其他非注射产品	＜ 200	5% 或最少 2 个
	≥ 200	10 个
桶装固体原料	≤ 4	每个容器
	5～50	20% 或最少 4 个
	＞ 50	2% 或最少 10 个

表 4-3　供试品的最小检验量

供试品	供试品装量	每支供试品接入每种培养基的最少量
液体制剂	V≤1ml	全量
	1ml＜V ≤40ml	半量，但不得少于 1ml
	40ml＜ V≤100ml	20ml
	V＞100ml	10% 但不少于 20ml
固体制剂	M＜ 50mg	全量
	50mg≤M＜300mg	半量
	300mg≤M＜5g	150mg
	M≥5g	500mg

供试品	供试品装量	每支供试品接入每种培养基的最少量
医疗器具	外科用敷料棉花及纱布	取 100mg 或 1cm×3cm
	缝合线、一次性医用材料	整个材料
	带导管的一次性医疗器具(如输液袋)	1/2 内表面积
	其他医疗器具	整个器具(切碎或拆散开)

3)操作人员准备。用肥皂水清洗双手,关掉紫外灯,进入缓冲间,换拖鞋,酒精棉球擦拭双手,由上到下换上无菌服,拆掉培养基、稀释液牛皮纸外包装,将物品移入操作间。

(2)供试液准备。取 0.9% 氯化钠注射剂样品 10 瓶逐瓶检验,先用无菌镊去除铝塑盖,再用 0.2% 苯扎溴铵溶液消毒外表面,最后用酒精棉球擦拭,瓶塞部分过酒精灯火焰数次。

(3)过滤。取 3 个无菌检查用集菌培养器,检查包装是否完好,打开包装,将其逐个插放在不锈钢排液槽上,过滤前先将少量 pH7.0 的氯化钠-蛋白胨缓冲液过滤以润湿滤膜,再将其塑胶软管装入蠕动泵管槽内,进液软管双芯针头过火焰消毒后插入供试品溶液容器塞,开启集菌仪,将供试品倒置,使药液均匀通过滤膜,待药液滤净后,关闭电源。

(4)加培养基。将集菌培养器上排气孔胶帽取下,套于集菌培养器底部的排液管口上;将连接集菌培养器塑胶管之一用夹子(或止血钳)夹紧,将针头插入含胰酪大豆胨液体培养基 200ml 的容器塞上,启动电源。使该种培养基均匀加至两个集菌培养器中,分别用夹子夹紧与其相连的两个塑胶管,同时开通另一个塑胶管的夹子,将针头插入含硫乙醇酸盐流体培养基 100ml 的容器塞上,启动电源,待厌氧菌培养基全部移入培养器中,关闭电源,取下集菌培养器,用夹子夹紧塑胶管近端,在进液软管剪切线处用剪刀切断塑胶管,开口端套于培养器顶端排气孔上。

(5)阳性对照试验。

1)阳性对照菌菌液制备。用接种环取金黄色葡萄球菌 [*Staphylococcus aureus*,CMCC(B)26 003] 的营养琼脂斜面新鲜培养物少许,接种至肉汤培养基内,在 30~35℃ 下培养 16~18 小时后,用 0.9% 无菌氯化钠溶液稀释至每毫升中含 10~100 个菌,阳性对照菌液一般当日使用。

2)接种。将已操作完毕的培养基移出洁净区,无菌操作加入金黄色葡萄球菌对照液 1ml,在 30~35℃ 下培养 24~48 小时。

(6)阴性对照试验。样品检验的同时取 pH7.0 的氯化钠-蛋白胨缓冲液 250ml,按照样品无菌检查的方法进行过滤,同法分别加入胰酪大豆胨及硫乙醇酸盐流体培养基培养,作为阴性对照。

(7)培养观察。硫乙醇酸盐流体培养基管置于 30~35℃ 下,胰酪大豆胨液体培养基管置于 20~25℃ 下培养 14 天,在培养期间应逐日观察并记录是否有菌生长。阳性对照管细菌应在 30~35℃ 下培养 24~48 小时,有菌生长,阴性对照应无菌生长。

(8)结果处理。若供试品管均澄清,或虽显浑浊但经确证无菌生长,判供试品符合规定;若供试品管中任何一管显浑浊并确证有菌生长,判供试品不符合规定,除非能充分证明试验结果无效,即生长的微生物非供试品所含。当符合下列至少一个条件时,方可判试验结果无效。

1）无菌检查试验所用的设备及环境的微生物监控结果不符合无菌检查法的要求。

2）回顾无菌试验过程,发现有可能引起微生物污染的因素。

3）阴性对照管有菌生长。

4）供试品管中生长的微生物经鉴定后,确证是因无菌试验中所使用的物品和（或）无菌操作技术不当引起的。

试验若经确认无效,应重试。重试时,重新取同量供试品,依法重试,若无菌生长,判供试品符合规定;若有菌生长,判供试品不符合规定。

将检查结果填入表 4-4。

表 4-4　药品无菌检查记录

检品编号：　　　　　室温　℃　　　　　　湿度

检品名称	规格
生产单位	包装　　　　　有效期
供样单位	检品数量
批号	收检日期
检验目的	检验日期
检验依据	报告日期

培养基制备及培养条件：
　硫乙醇酸盐流体培养基　　　　　批号：　　　配制日期：
　培养箱型号：　　　培养温度：　　℃
　胰酪大豆胨液体培养基　　　　　批号：　　　　配制日期：
　培养箱型号：　　　培养温度：　　℃
　检查法：
　1. 直接接种法：
　　供试品处理
　培养基体积(ml)　　　　　　每管培养基接种量(ml)
　阳性对照菌
　2. 薄膜过滤法：
　　供试液制备：
　(1)水溶性供试品:取供试品　瓶(支),溶解于　ml　溶液中。
　(2)非水溶性供试品:取供试品　瓶(支),溶解于　ml 含　％ 表面活性剂(　　)的 0.1％无菌蛋白胨水中。
　取供试液　ml 滤过　联无菌滤器,冲洗液用量　毫升／膜。

胰酪大豆胨液体培养基
阴性对照

　　结论:本品按　　　无菌检查法检验,结果　　规定。
　　检验者：　　　　　核对者：

注意事项

(1)无菌检查要求无菌室达到洁净级的要求,操作人员要掌握无菌操作技术,所用物品要灭菌彻底。

(2)要重视检测过程中供试品及所有移入无菌室物品的外部消毒,以免造成假阳性结果。

(3)严格按照方法验证中的条件及步骤进行检测。

【思考题】

(1)有抑菌活性的药品如何进行无菌检查?

(2)为什么要进行培养基的适用性检验和检测方法适用性检验?

(3)试分析阳性对照阴性结果、阴性对照阳性结果的原因。

第二节　口服药物微生物学检查

由于中西药制剂中的多种剂型是非密封药品,不可能绝对无菌,故《中国药典》规定,允许一定数量的微生物存在,但要对此类药品进行微生物限度检查,它是非规定灭菌制剂及其原、辅料受到微生物污染程度的一种检查方法。

药品微生物总数检查采用活菌计数,即指能在有氧条件下生长的嗜温细菌及真菌的计数。《中国药典》收载了平皿法、薄膜过滤法及最可能数法,供试品检查时,要根据供试品的理化性质及微生物限度检查标准选择适宜的方法,并进行方法适宜性试验。

供试液制备的标准操作方法

1. 10 倍供试液制备　用酒精棉球消毒供试品瓶身及瓶口,再用无菌镊启封供试品,将 2 个供试品混匀,取供试品 10ml,加入含 pH7.0 无菌氯化钠-蛋白胨缓冲液 90ml 的锥形瓶中,充分振摇,即可作为 1:10 供试液。

2. 10 倍供试液的稀释(10 倍递增稀释法)

(1)取 2~3 支灭菌试管,分别加入 9ml 灭菌稀释剂,此时操作一般为:左手执试管并将塞打开,倾斜,右手执 10ml 吸管吸量 9ml 含 pH7.0 无菌氯化钠-蛋白胨缓冲液加入灭菌试管中。

(2)另取 1 支 1ml 灭菌吸管吸 1:10 均匀供试液 1ml,加入装有 9ml 灭菌稀释剂的试管中混匀,即为 1:100 供试液。以此类推,根据供试品污染程度,可稀释至 1:100、1:1000、1:10000 等适宜稀释级(至少 3 级)。

(3)在做 10 倍递增稀释时,吸管插入第 1 级稀释液内不低于液面 2.5cm,反复吸吹约 10 次。吸液时,应先吸至高于吸管上部刻度少许,然后提起吸管,贴于试管内壁调整液量至刻度,再沿第 2 级稀释管的内壁靠近液面(勿接触液面),缓慢地吹出全部供试液(吸管内应无黏附或残留液体),然后将吸管放入消毒液缸内。

操作要点:①每次加完稀释剂后,试管塞应立即塞上,以免污染杂菌;②稀释中每递增 1 个稀释级,必须另换一支吸管;③稀释操作勿在酒精灯火焰正上方进行,以免火焰将供试液中的菌细胞杀灭。

实验二十二 葡萄糖酸锌口服液微生物总数检测

【目的】

(1)掌握口服药平皿法检测微生物总数的方法和程序。

(2)掌握微生物总数报告规则。

(3)熟悉微生物总数检测的原理。

(4)对异常的结果数据能够进行分析处理。

【原理】

药品微生物总数检查采用活菌计数,主要方法是平皿法(图 4-1)。此法是将一定量供试品液接种至培养基中,使其中可能存在的微生物分散、定位,在适当的温度下,培养一定时间,增生成可见的菌落,然后记录菌落数,进而得出单位体积或重量供试品所含有的细菌数、真菌数,根据该品种项下微生物限度要求,判断药品是否合格。

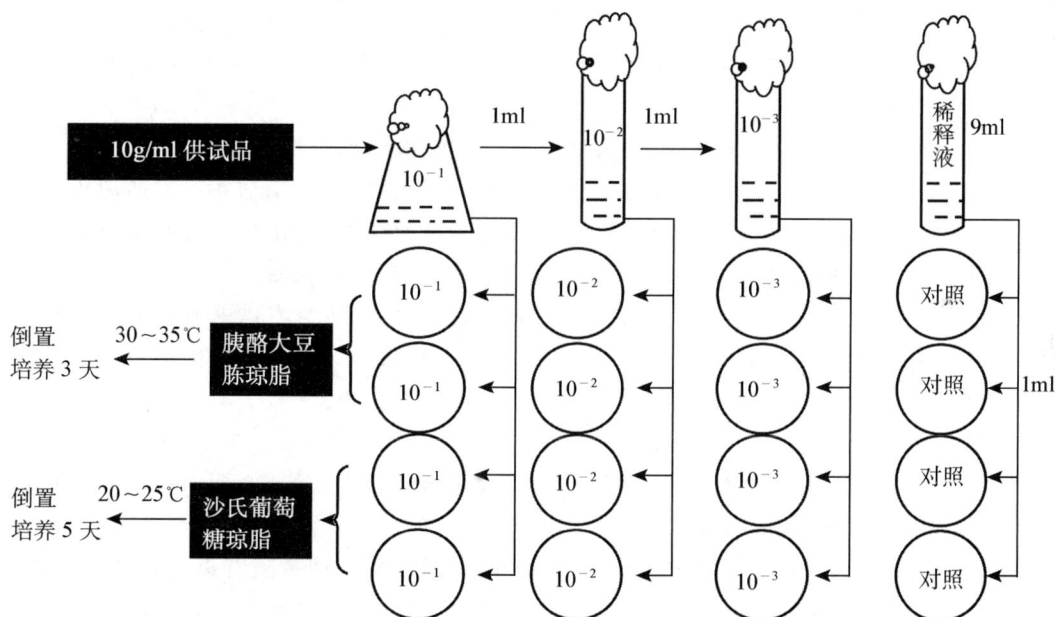

图 4-1 平皿法

【材料】

0.2%苯扎溴铵溶液、75%乙醇溶液(制酒精棉球用)、5% 苯酚溶液、稀释剂(pH7.0 无菌氯化钠-蛋白胨缓冲液)、胰酪大豆胨培养基、沙氏葡萄糖琼脂培养基、无菌衣、裤、帽、口罩(也可用一次性物品替代)、消毒缸、接种环、酒精灯、酒精棉球、灭菌剪刀及镊子、灭菌称样纸及不锈钢药勺、记号笔,锥形瓶(250ml、500ml,内装玻璃珠若干)、培养皿(直径 90mm)、量筒(100ml、500ml)、试管(18mm×180mm)及塞子、试管架、吸管(1ml、10ml)。

无菌室、超净工作台、恒温培养箱(30～35℃)、生化培养箱(23～28℃)、微波炉、匀浆仪(3000～8000r/min)、恒温水浴箱、高压蒸汽灭菌器、菌落计数器(JLQ-ST 或 JLQ-S2 型)、显微镜(1500×)、天平(感量 0.1g)。

玻璃器皿、培养基及稀释剂等均于高压蒸汽灭菌器内 121℃灭菌 30 分钟,备用。

【方法】

(1)供试品的抽样。采取随机抽样的方法,抽样时发现有异常或可疑样品时,应优先抽检,机械损伤、明显破损者不得作为样品。抽取 6 支葡萄糖酸锌口服液,其中 2 支用于检验,其余用于复查备用。检验前置阴凉干燥处保存,保持原包装状态,严禁开启。

(2)试验准备。

1)物品消毒。取随机抽取的 2 瓶供试品和灭菌的培养基、稀释液及其他所用的玻璃器皿一并移入洁净室,去除外包装及牛皮纸,开启紫外灯及空气过滤装置 30 分钟。

2)操作人员。工作人员清洗双手,进入缓冲间,换上拖鞋,用消毒液消毒双手,换无菌衣帽,操作前用乙醇消毒双手。

(3)细菌、真菌总数计数。

1)供试液制备(1:10、1:100、1:1000)。用酒精棉球消毒供试品瓶身及瓶口,再用无菌镊启封供试品,将 2 支葡萄糖酸锌口服液混匀,取供试品 10ml,加入含 pH7.0 无菌氯化钠-蛋白胨缓冲液 90ml 的锥形瓶中,充分振摇,即可作为 1:10 供试液,在 1:10 供试液的基础上分别稀释成 1:100 的供试液、1:1000 供试液。

2)加样。在上述递增稀释的同时,用该稀释级吸管吸取该稀释级稀释液各 1ml,注入 4 个直径为 90mm 的无菌平皿中,注皿时,要将 1ml 供试液全部转移至平皿中,一般要取连续 3 级稀释液检验,即取 1:10、1:100、1:1000 供试液检验。另取 1 支 1ml 吸管吸取稀释剂各 1ml 注入 4 个 90mm 无菌平皿中,作为阴性对照,阴性对照不得有菌生长。

3)倾注培养基。事先将沙氏葡萄糖琼脂培养基、胰酪大豆胨琼脂培养基熔化,冷却至约 45℃,以无菌操作方法注入上述各平皿,每个平皿 15ml,快速转动平皿,使稀释液与培养基混匀,放置于平台上,待凝固。

4)培养。将已凝固的胰酪大豆胨琼脂平板倒置,放入 30～35℃培养箱中,培养 3 天;已凝固的沙氏葡萄糖琼脂平板倒置,放入 20～25℃培养箱中,培养 5 天,必要时可适当延长培养时间至 7 天,进行菌落计数并报告。

5)菌落计数。计数时一般用肉眼直接在平板背面计数、标记或放置在菌落计数器上点计,必要时借助放大镜或显微镜。不要漏计琼脂层内和平板边缘生长的菌落,并须注意将细菌菌落与药渣或培养基的沉淀物相区别。

(4)结果处理与报告。计数平板上的菌落数,需氧菌总数指胰酪大豆胨培养基上形成的菌落数,包括其上真菌形成的菌落数;真菌、酵母菌总数指沙氏葡萄糖琼脂培养基上形成的菌落数,包括其上的细菌菌落数。一般需氧菌计数宜选取平均菌落数小于 300CFU 的稀释级作为菌数报告依据,酵母菌、真菌宜选取平均菌落数小于 100CFU 的稀释级作为菌数计算的依据,以最高的平均菌落数乘以稀释倍数的值报告 1ml 供试品中所含的菌数(表 4-5～4-7)。

1)当仅有 1 个稀释级的菌落数符合上述规定,以该稀释级平均菌落数乘上该稀释级稀释倍数报告结果。

2)当有 2 个或 2 个以上稀释级的菌落数符合上述规定,以最高的平均菌落数乘上该稀释级稀释倍数报告结果。

3）如各稀释级的平板均无菌落生长，或仅最低稀释级的平板有菌落生长，但平均菌落数小于 1CFU 时，以小于 1CFU 的菌落数乘以最低稀释倍数的值报告菌数。

表 4-5 菌数报告规则示例

菌数报告规则示例	各稀释级（供试液每平皿 1ml）平均菌落计数（CFU）				菌落报告数（CFU/g，CFU/ml，CFU/10cm²）
	原液	1:10	1:100	1:1000	
1		64	8	2	640
2		420	64	8	6400
3		不可计	420	64	64000
4		0	0.5	0	＜100
5			0	0	＜100
6		0	0	0	＜10
7		0	0	0	＜1

表 4-6 口服药物的细菌、真菌数检查

检品名称：	规格：
批号：	包装效期：
生产单位：	检品数量：
供样单位：	收验日期：
检验目的：	检验日期：
检验依据：	报告日期：

细菌总数 30～35℃ 48 小时				真菌（酵母菌）数 23～28℃ 72 小时			
稀释剂	10^{-1}	10^{-2}	10^{-3}	阴性对照	10^{-1}	10^{-2}	10^{-3}	阴性对照

1
2
平均
结果　　　　CFU/ml(g)　　　　　　　　　　CFU/ml(g)
结论

供试液的制备方法：
菌落计数方法：1. 常规平板法
　　　　　　　2. 薄膜过滤法
检验者：　　　　　校对者：

表 4-7 《中国药典》微生物限度标准

给药途径	细菌数/个	真菌、酵母菌数/个	控制菌
口服给药			不得检出大肠埃希菌(1g 或 1ml);含脏器提取物的
固体制剂	10^3	10^2	制剂不得检出沙门菌(10g 或 10ml)
液体制剂	10^2	10^1	
口腔黏膜给药制剂	10^2	10^1	不得检出大肠埃希菌、金黄色葡萄球菌、铜绿假单胞菌(1g、1ml 或 10cm^2)
齿龈给药制剂			
鼻用制剂			
耳用制剂	10^2	10^1	不得检出金黄色葡萄球菌、铜绿假单胞菌(1g、1ml 或 10cm^2)
皮肤给药制剂			
呼吸道吸入给药制剂	10^2	10^1	不得检出大肠埃希菌、金黄色葡萄球菌、铜绿假单胞菌、耐胆盐革兰阴性菌(1g、1ml)
阴道、尿道给药制剂	10^2	10^1	不得检出金黄色葡萄球菌、铜绿假单胞菌、白色念珠菌(1g、1ml 或 10cm^2);中药制剂还不得检出梭菌(1g、1ml 或 10cm^2)
直肠给药			不得检出金黄色葡萄球菌、铜绿假单胞菌(1g、1ml 或 10cm^2)
固体制剂	10^3	10^2	
液体制剂	10^2	10^1	
其他局部给药制剂	10^2	10^2	不得检出金黄色葡萄球菌、铜绿假单胞菌(1g、1ml 或 10cm^2)

注意事项

(1)供试品稀释操作中,每进行一次稀释,必须更换刻度吸管。

(2)供试品稀释及加样时,应特别注意每次吸液前必须使稀释液充分混匀,以使菌体充分均匀分散。

(3)培养时,平皿要倒置,防止冷凝水滴到培养基上破坏菌落。

(4)尽量使菌细胞分散开,使每个菌细胞生成一个菌落,否则将会导致重大的技术误差。

(5)为防止微生物增殖及产生菌苔,制成供试液后,应尽快稀释,注皿,一般稀释后应在 1 小时内操作完毕。

(6)使用吸量管时,应小心沿管壁加入,不要触及管内溶液,以防吸管尖端外侧黏附的溶液混入其中。

(7)注意抑菌现象,防腐剂未被中和,往往使平板计数结果受影响,如低稀释度时菌落数少,而高稀释度时菌落数反而增大。遇此情况应重复检验,以确定是防腐剂影响还是操作技术误差。

【思考题】

(1)在进行药物的细菌数测定时,出现高稀释级平板菌落数大于低稀释级的,分析其中原因,如何处理?

(2)平板培养时,为什么要倒置培养?

(3)微生物限度检查时,何时进行检查方法的验证?

(4)在含药物稀释液的培养皿中加培养基时,培养基的温度为什么必须控制在45℃左右?

第三节　外用药品微生物学检查

微生物限度检查法系检查非规定灭菌制剂及其原料、辅料受微生物污染程度的方法。检查项目包括细菌数、真菌数、酵母菌数及控制菌检查。金黄色葡萄球菌为葡萄球菌属细菌。本菌在自然界分布甚广,空气、土壤、水和日常用具,人的皮肤、鼻咽腔、痰液、毛囊等常可发现金黄色葡萄球菌,故在生产各环节中极易污染药品。本菌是葡萄球菌中致病力最强的一种,能引起局部及全身化脓性炎症,严重时可导致败血症。故外用药品及一般滴眼液、眼膏、软膏剂等规定不得检出金黄色葡萄球菌。

阳性对照菌菌悬液制备的标准操作方法

(1)用接种环分别取大肠埃希菌、金黄色葡萄球菌、沙门菌、铜绿假单胞菌、生孢梭菌、白色念珠菌的斜面新鲜培养物1白金耳,其中大肠埃希菌、金黄色葡萄球菌、沙门菌、铜绿假单胞菌的新鲜培养物接种至胰酪大豆胨液体培养基中,30～35℃下培养18～24小时;白色念珠菌的新鲜培养物接种至沙氏葡萄糖液体培养基中,20～25℃下培养2～3天;生孢梭菌的新鲜培养物接种至硫乙醇酸盐流体培养基中,30～35℃下培养18～24小时。

(2)取培养液少许滴加于血球计数板,显微镜下直接计数。

(3)根据计数结果,用0.9%无菌氯化钠溶液稀释至每毫升中含10～100个菌的菌悬液,备用。

操作要点:①在室温下,菌悬液应在2小时内使用,若保存在2～8℃环境中,可在24小时内使用;②计数也可采用其他适当的方法,如平板菌落计数法;③菌株传代次数不得超过5代(从菌种保藏中心获得的干燥菌种为0代)。

实验二十三　开塞露中金黄色葡萄球菌的检查

【目的】

(1)熟悉控制菌检查的一般流程。

(2)掌握外用药品中金黄色葡萄球菌的检查方法。

(3)熟悉各类外用制剂微生物限度标准。

【原理】

金黄色葡萄球菌呈球形,直径0.5～1.5μm,可呈不规则葡萄串状排列,无鞭毛、芽胞,且大多无荚膜,革兰阳性,能分解甘露醇(非致病菌不分解,此特征是区分致病葡萄球菌的特征之一),血浆凝固酶试验阳性(致病葡萄球菌的特征之一)。其菌检程序如图4-2。

供试液（10ml）→增菌培养（亚碲酸钠营养肉汤培养基）

分离培养（卵黄高盐琼脂平板或甘露醇高盐琼脂培养基）

疑似菌落生长　　无菌落生长→报告未检出金黄色葡萄球菌

纯培养（普通肉汤琼脂斜面）

革兰染色镜检、血浆凝固酶试验→报告

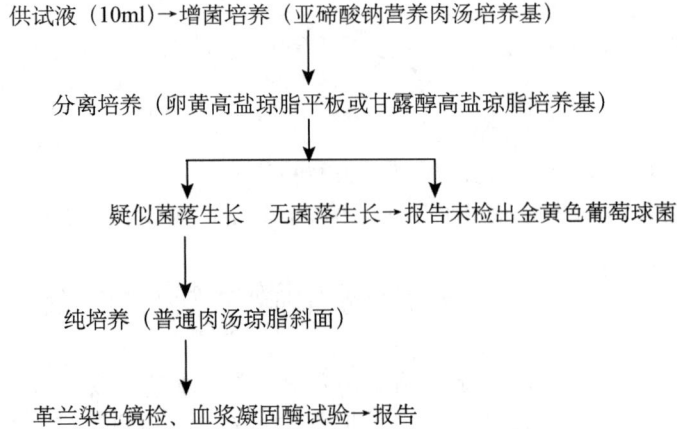

图4-2　金黄色葡萄球菌检查程序

【材料】

0.9%无菌氯化钠溶液,革兰染色液,无菌枸橼酸钠氯化钠溶液,兔血浆,1%酚磺酞指示剂,营养肉汤培养基,营养琼脂培养基,甘露醇氯化钠琼脂培养基,稀释剂(pH7.0无菌氯化钠-蛋白胨缓冲液),橡皮乳头,无菌衣、裤、帽、口罩(也可用一次性物品替代),接种环,酒精灯,酒精棉球,灭菌剪刀及镊子,试管架,记号笔,锥形瓶(250ml、500ml,内装玻璃珠若干),培养皿(直径90mm),量筒(100ml、500ml),试管(18mm×180mm)及塞子,试管架,吸管(1ml、10ml)。

无菌室、超净工作台、恒温培养箱(30～35℃)、生化培养箱(23～28℃)、微波炉、匀浆仪(3000～8000r/min)、恒温水浴箱、高压蒸汽灭菌器、菌落计数器(JLQ-ST或JLQ-S2型)、显微镜(1500×)、天平(感量0.1g)。

玻璃器皿、培养基及稀释剂等均于高压蒸汽灭菌器内121℃灭菌30分钟,备用。

【方法】

(1)供试品的抽样。采取随机抽样的方法,抽样时发现有异常或可疑样品时,应优先抽检,机械损伤、明显破损者不得作为样品。抽取6支供试品,其中2支用于检验,其余用于复查备用。检验前置阴凉干燥处保存,保持原包装状态,严禁开启。

(2)试验准备。

1)物品消毒。将随机抽取的2瓶供试品和灭菌的培养基、稀释液及其他所用的玻璃器皿一并移入洁净室,去除外包装及牛皮纸,开启紫外灯及空气过滤装置30分钟。

2)操作人员。工作人员清洗双手,进入缓冲间,换上拖鞋,用消毒液消毒双手,换无菌衣帽,操作前用乙醇消毒双手。

(3)阳性对照菌菌液制备。用接种环取金黄色葡萄球菌[*Staphylococcus aureus*,CMCC(B)26 003]的营养琼脂斜面新鲜培养物1白金耳,接种至胰酪大豆胨培养基内,在30～35℃下培养18～24小时后,用0.9%无菌氯化钠溶液稀释至每毫升中含10～100个菌,阳性对照菌液一般当日使用。

(4)供试液制备。用酒精棉球消毒供试品瓶身及瓶口,再用无菌剪刀启封供试品,将2个供试品混匀,后取供试品 10ml,再加入 pH7.0 无菌氯化钠-蛋白胨缓冲液稀释至 100ml,制备成 1:10 的供试液。

(5)增菌培养(表 4-8)。取营养肉汤(或亚碲酸钠肉汤)培养基 3 瓶(A 瓶、B 瓶、C 瓶),每瓶 100ml,其中 2 瓶(A 瓶、B 瓶)分别加入供试液 10ml,两瓶中的 1 瓶(B 瓶)加入 50～100 个对照菌作为阳性对照。第 3 瓶(C 瓶)加入 10ml 稀释剂作为阴性对照,置于 30～35℃下培养 18～24 小时,必要时可延长至 48 小时,阴性对照应无菌生长。

表 4-8　增菌培养

试剂	A 供试品管	B 阳性对照管	C 阴性对照管
营养肉汤培养基/ml	100	100	100
1:10 供试液/ml	10	10	—
金黄色葡萄球菌/个	—	50～100	—
pH7.0 无菌氯化钠-蛋白胨缓冲液/ml	—	—	10

(6)分离培养。将上述供试品增菌液(A 瓶)及阳性对照液(B 瓶)轻轻摇匀,用接种环蘸取 1～2 环增菌液画线接种于卵黄氯化钠琼脂或甘露醇氯化钠琼脂平板上,置于 30～35℃下培养 24～72 小时。

当阳性对照的平板呈现阳性菌落时,供试品的平板如无菌生长,或有菌落但不同于表 4-9 所列特征,可判为未检出金黄色葡萄球菌。

表 4-9　金黄色葡萄球菌菌落形态特征

培养基	菌落形态
卵黄氯化钠琼脂	金黄色,圆形凸起,边缘整齐,外围有卵磷脂分解的乳浊圈,菌落直径 1～2mm
甘露醇氯化钠琼脂	金黄色,圆形凸起,边缘整齐,外围有黄色环,菌落直径 0.7～1mm

(7)纯培养。如供试品在上述分离培养基上有菌落生长,并与表 4-9 所列特征相符或疑似时,挑选 2～3 个菌落,分别接种于营养琼脂培养基斜面上,置于 30～35℃下培养 18～24 小时,做检查。

(8)革兰染色、镜检。

1)革兰染色。用接种环蘸取无菌水少许滴于载玻片上,用接种环挑取营养琼脂斜面上疑似菌落少许,均匀涂于载玻片无菌水中,干燥,固定制片,后用革兰染色方法染色。

2)镜检。油镜下,金黄色葡萄球菌为革兰阳性球菌,无芽胞,无荚膜,排列呈不

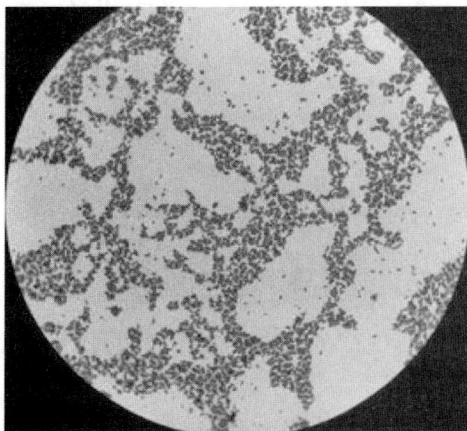

图 4-3　金黄色葡萄球菌革兰染色阳性(蓝紫色)

规则的葡萄状,菌体较小,亦可呈单个、成双或短链状排列(图 4-3)。

(9)血浆凝固酶试验(表 4-10)。取灭菌小试管(10mm×100mm)3 支,每管加入血浆、0.9% 无菌氯化钠溶液(1:1)0.5ml,1 支加入被检菌株的营养肉汤培养液(或浓菌悬液)0.5ml,1 支加入金黄色葡萄球菌营养肉汤培养液或菌悬液 0.5ml 作为阳性对照,另 1 支加入营养肉汤或 0.9% 无菌氯化钠溶液 0.5ml 作为阴性对照。3 管同时放于 30~35℃下培养,3 小时后开始检查,以后每隔 30 分钟逐次观察,直至 24 小时。检查时,轻轻将试管倾斜,仔细观察,凡阴性对照管的血浆流动自如,阳性对照管血浆凝固,试验管血浆凝固者为阳性(图 4-4)。阴性对照管和阳性对照管任何 1 管不符合要求时,应另制备血浆,重新试验。

表 4-10　血浆凝固酶试验

	A 供试品管	B 阳性对照管	C 阴性对照管
血浆、0.9% 无菌氯化钠(1:1)/ml	0.5	0.5	0.5
营养肉汤培养液(含待检菌)/ml	0.5	—	—
金黄色葡萄球菌培养液/ml	—	0.5	—
pH7.0 无菌氯化钠/ml	—	—	0.5

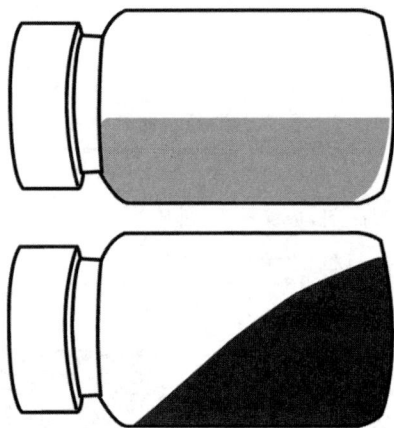

图 4-4　血浆凝固酶试验结果

(10)结果判断。当阴性对照管呈现阴性结果,阳性对照管呈现阳性结果,供试品的菌株培养物分为以下 3 种情况。

1)革兰染色镜检呈阳性球菌,血浆凝固酶试验阳性时,判定为检出金黄色葡萄球菌。

2)革兰染色镜检不是阳性球菌,或血浆凝固酶试验阴性反应者,判定为未检出金黄色葡萄球菌。

3)阴性对照有菌生长或阳性对照试验呈阴性结果,试验结果无效,应研究原因,重新检查。

注意事项

(1)金黄色葡萄球菌菌落在上述平板上呈典型金黄色,但受到药物及非典型菌株的影响,也可呈橙黄、柠檬色或白色,培养基存放时间及培养时间也影响色素产生,故培养基应新鲜配制,培养时间应在 48 小时以上。

(2)血浆凝固酶试验应使用新鲜血浆及培养物,如用陈旧血浆及培养物易导致假阴性结果;此外观察结果不要摇动试管,以免破坏血浆及培养物,导致假阴性结果。

【思考题】

(1)控制菌检查为什么一定要进行增菌培养?

(2)若阴性对照有菌生长、阳性对照试验呈阴性,试分析原因。

第四节　药品内毒素的检查

细菌内毒素为外源性致热原,它可激活中性粒细胞等,使之释放出一种内源性热原质,作用于体温调节中枢,引起发热。内毒素通过消化道进入人体时并不产生危害,但内毒素通过注射等方式进入血液时则会引起不同的疾病。因此,生物制品类、注射用药剂、化学药品类、放射性药物、抗生素类、疫苗类、透析液等制剂以及医疗器材类(如一次性注射器、植入性生物材料)必须经过细菌内毒素检测试验合格后才能使用。鲎试验被称作为"细菌内毒素试验",细菌内毒素检查法主要有凝胶法和光度测定法两种方法。前者利用鲎试剂与细菌内毒素产生凝集反应的原理来定性检测或半定量内毒素;凝胶法简单、经济、应用广泛,是《中国药典》的"仲裁"方法。

物品除致热原操作的标准操作方法

凡能耐受高温处理的容器、用具,如注射用玻璃针筒及其他玻璃容器,在洗净包扎后于250℃下加热 30 分钟以上,可有效地破坏致热原。

(1)将所需除致热原的物品包扎。

(2)打开箱门,将已包扎的物品放置于箱内的搁板上,关好箱门,把控制面板上的排气调节阀开到一半(加热过程中可随被干燥物品的温度进行适当调整),接通电源。

(3)设定温度为 250℃,升温,达规定温度后计时,保持 45 分钟。

(4)工作完毕后关闭电源开关,待箱内温度降为室温时,开箱取物,备用。

操作要点:①除致热原前,物品要经过适当的包扎;②干燥箱内不得放入易燃、易腐、易爆物品,包扎材料勿接触箱壁;③干燥箱在工作时,必须将风机开关打开,使其运转,否则箱内温度和测量温度误差很大;④干燥结束后,关闭电源开关和风门,待箱内冷却至室温后取出箱内干物品,以免因内外温差过大,使玻璃器皿破裂。

实验二十四　10%葡萄糖注射液内毒素检查

【目的】

(1)了解细菌内毒素的发生及毒性,熟悉细菌内毒素的检测原理和方法。

（2）掌握凝胶法检测检品中细菌内毒素的操作步骤。

【原理】

鲎试剂是从海洋无脊椎动物鲎的蓝色血液中提取的变形细胞溶解物，经低温冷冻干燥精制而成。鲎试剂含有能被微量内毒素激活的凝固酶原和凝固蛋白原，在适宜条件下，细菌内毒素能激活鲎试剂中的凝固酶原，使鲎试剂与内毒素产生凝集反应形成凝胶。凝胶法是对药品中的内毒素进行定性和半定量检查，以判断供试品中细菌内毒素的限量是否符合规定的一种方法。

【材料】

鲎试剂（0.25EU/ml）、细菌内毒素工作标准品（150EU/ml）、细菌内毒素检查用水（即BET 用水，内毒素含量少于 0.015EU/ml）。

刻度吸管、三角瓶、小试管（10mm×100mm）、试管架、洗耳球、封口膜、时钟、脱脂棉、吸水纸、剪刀砂轮、ET-96 恒温仪。

耐热器皿用干热灭菌法（250℃，45 分钟）去除致热原，塑料用具应选用无内毒素并且对试验无干扰的器械（目前多为无致热原的一次性用品）。

【方法】

（1）鲎试剂灵敏度复核。

1）细菌内毒素标准溶液的准备。①取细菌内毒素工作标准品（或国家标准品）1 支，轻弹瓶壁，使粉末落入瓶底，然后用砂轮在瓶颈上部轻轻划痕，用酒精棉球擦拭后开启，开启过程中应防止玻璃屑落入瓶内。②按照标准品说明书，加入 1ml 的细菌内毒素检查用水溶解其内容物，用封口膜将瓶口封严，置旋涡混合器上混合 15 分钟，然后进行稀释，制备成 4 个浓度的细菌内毒素标准溶液，即 $2\lambda = 0.5EU/ml$、$\lambda = 0.25EU/ml$、$0.5\lambda = 0.125EU/ml$ 和 $0.25\lambda = 0.0625EU/ml$（$\lambda$ 为所复核的鲎试剂的标示灵敏度），4 个浓度的内毒素标准溶液，每稀释一步均应在旋涡混合器上混匀 30 秒（图 4-5）。

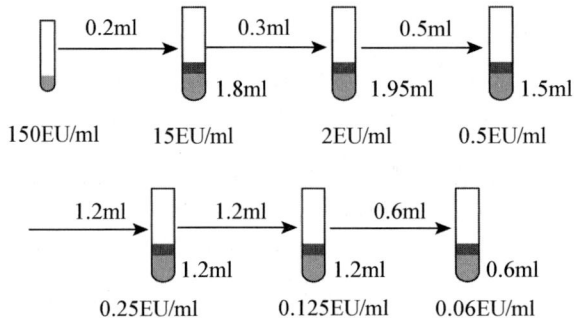

图 4-5　细菌内毒素标准溶液的制备过程

2）待复核鲎试剂的准备。取规格为每支 0.1ml 的鲎试剂 18 支，每支加入 0.1ml 内毒素检验用水使溶解备用（规格大于每支 0.1ml 的鲎试剂，按其标示量加入细菌内毒素检查用水复溶后，按每管 0.1ml 分装到凝聚管中，至少准备 18 管）。

3）加样（图 4-6）。将已充分溶解的待复核鲎试剂 18 支（管）放在试管架上，排成 5 列，其中 4 列 4 支、1 列 2 支。其中 4 支 4 列分别加入 0.1ml 的 2λ、λ、0.5λ 和 0.25λ 内毒素标准溶液,另 2 支(管)加入 0.1ml 检查用水作为阴性对照。

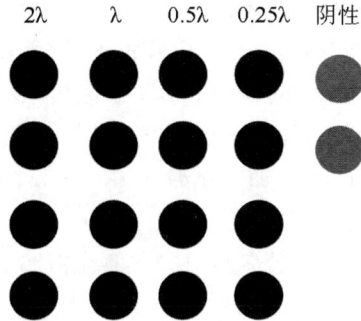

图 4-6 灵敏度试验加样

加样结束后,将鲎试剂用封口膜封口,轻轻振动混匀,垂直放入(37±1)℃恒温器中,保温(60±2)分钟。

4)观察结果。将试管轻轻取出,缓缓倒转 180°,若管内形成凝胶,并且凝胶不变形、不从管壁滑落者为阳性;未形成凝胶或形成的凝胶不坚实、变形并从管壁滑落者为阴性。

5)计算。当最大浓度 2λ 管均为阳性;最低浓度 0.25λ 管均为阴性,阴性对照为阴性时,实验为有效,按下式计算反应终点浓度的几何平均值即为鲎试剂灵敏度的复核结果。

$$\lambda C = \lg^{-1}(\sum X/4)。$$

式中,X 为反应终点浓度的对数值(lg),反应终点浓度是指系列递减的内毒素浓度中最后一个呈阳性结果的浓度。以表 4-11 结果为例,计算过程如下。

表 4-11 灵敏度复核试验结果

内毒素平行管	2λ	λ	0.5λ	0.25λ	阴性对照	反应终点
1	+	+	+	−	−	0.5λ
2	+	+	−	−	−	λ
3	+	+	−	−	−	λ
4	+	+	−	−		λ

注:$\lambda C = \lg^{-1}(\sum X/4) = \lg^{-1}[(0.5\lambda + \lambda + \lambda + \lambda)/4] = 0.21 EU/ml$。

6)结果判断。当 λC 在 0.5λ 至 2λ(包括 0.5λ 和 2λ)时,方可用于细菌内毒素检查,并以标示灵敏度 λ 为该批鲎试剂灵敏度。

(2)供试品内毒素检查。在细菌内毒素检查中,每批供试品必须做 2 支供试品管和 2 支供试品阳性对照,同时每次实验必须做 2 支阳性对照和 2 支阴性对照。

1)仪器准备。检查前接通恒温仪电源,温度调至(37±1)℃。

2)供试品溶液的准备。首先确定稀释倍数即 MVD 值,根据内毒素限度值,计算 MVD=CL/λ,10% 葡萄糖注射液内毒素限值 L 为 0.5EU/ml,C=1ml/ml,λ=0.25EU/ml,计算 MVD=2,即将 10% 葡萄糖注射液稀释至 2 倍。取 10% 葡萄糖注射液 0.5ml,加入 BET 用水 0.5ml,混合均匀,做细菌内毒素检查时使用。

3）阳性对照溶液的制备。内毒素工作标准品为每支 10EU,鲎试剂标示灵敏度为 0.25EU/ml,阳性对照应用检查用水稀释至 2λ 浓度,即阳性对照溶液浓度为 0.5EU/ml。取细菌内毒素标准品 1 支,酒精棉球消毒瓶颈,开启瓶盖,用无热原吸管吸取 1ml 的 BET 用水,混合 15 分钟,得到浓度为 10EU/ml 的原液备用;用无热原吸管取 10EU/ml 的原液 0.2ml,加入试管 1 中,取 1.8ml BET 用水,加入试管 1 内混匀,得到浓度为 1EU/ml 的稀释液;用无热原吸管取 1EU/ml 的稀释液 1.0ml 加入试管 2 中,取 1ml BET 用水加入试管 2 内混匀,即得到浓度为 0.5EU/ml 的阳性对照溶液。

4）供试品阳性对照溶液的制备。分别取 10% 葡萄糖注射液原液 0.5ml 和 1EU/ml 的内毒素溶液 0.5ml,混合均匀,作为供试品阳性对照溶液。

5）阴性对照溶液的制备。准备好 BET 用水,作为阴性对照溶液。

6）鲎试剂的制备。取规格为每支 0.1ml 的鲎试剂 8 支,每支加入 0.1ml BET 用水,溶解后备用。

7）加样(表 4-12)。8 支管中 2 支加入 0.1ml 供试品溶液作为供试品管,2 支加入 0.1ml 阳性对照溶液作为阳性对照管,2 支加入 0.1ml BET 用水作为阴性对照管,2 支加入 0.1ml 供试品阳性对照溶液作为供试品阳性对照管。

表 4-12　供试品内毒素检查各管加样

试剂	供试品管		阴性对照管		供试品阳性对照管		阳性对照管	
	1	2	1	2	1	2	1	2
鲎试剂/ml	0.1	0.1	0.1	0.1	0.1	0.1	0.1	0.1
供试品溶液/ml	0.1	0.1						
BET 用水/ml			0.1	0.1				
供试品阳性对照溶液/ml					0.1	0.1		
阳性对照溶液/ml							0.1	0.1

将试管中的溶液轻轻混匀,用封口膜封闭管口,垂直放入(37±1)℃ 的恒温器中,保温(60±2)分钟。

8）结果判断(图 4-7)。当阳性对照、供试品阳性对照都为阳性,且阴性对照都为阴性时,实验方有效。

若供试品 2 管均为阴性,认为该供试品符合规定;如供试品 2 管均为阳性,应认为不符合规定;如 2 管中 1 管阳性、1 管阴性,则另取 4 支供试品管复试,若所有平行管都为阴性,判供

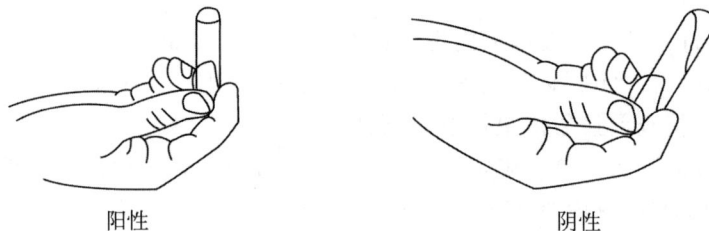

阳性　　　　　　　　　阴性

图 4-7　凝胶法结果判断

试品符合规定,否则判不符合规定。

> **注意事项**
>
> (1)实验所使用器具必须无菌、无热原,要求无菌操作。
>
> (2)玻璃试管、移液管处理:需置洗液中浸泡 4 小时,取出后用自来水将洗液冲洗净,再用新鲜蒸馏水冲洗至少 3 次,干热除热原后使用。
>
> (3)细菌内毒素标准品必须用砂轮在瓶颈上部划痕开启,并用酒精棉球消毒。
>
> (4)由于凝集反应是不可逆的,所以在恒温反应中及观察结果时,应注意不要使试管受到震动,以免使凝胶破碎,产生假阴性结果。

【思考题】

(1)凝胶限度检查为何阴性对照阳性、阳性对照阴性?请分析原因。

(2)凝胶限度检查为何要设立供试品阳性对照?

(3)供试品最大稀释倍数为什么不能超过 MVD?

(4)为什么阳性管不凝?请分析原因。

(牛四坤)

第五章 中药体外抗菌实验

第一节 连续稀释法

连续稀释法的标准操作方法

1. **基本原理** 在肉汤或琼脂中将抗菌药物进行一系列（加倍）稀释后，定量接种待检菌，于 37℃下孵育 24 小时后观察。待检菌肉眼未见生长的最低药物浓度，即为该药物对待检菌的最低抑菌浓度（MIC）。

2. **实验方法** 取无菌试管 26 支，放成两排。另取 3 支试管，分别作为肉汤对照管、待检菌生长对照管和质控菌生长对照管。每管加入 M-H 肉汤 2ml。在第 1 管加入经 M-H 肉汤稀释的药物原液（256mg/L）2ml 混匀，然后吸取 2ml 至第 2 管，混匀后再吸取 2ml 至第 3 管。如此连续对倍稀释至第 13 管，并从第 13 管中吸取 2ml 弃去。此时各管含药浓度依次为 128mg/L、64mg/L、32mg/L、16mg/L、8mg/L、4mg/L、2mg/L、1mg/L、0.5mg/L、0.25mg/L、0.125mg/L、0.0625mg/L、0.03125mg/L。第 1 排试管每管加入待检菌菌液（1×10^7 CFU/ml）0.1ml，第 2 排试管每管加入标准菌菌液（1×10^7 CFU/ml）0.1ml，最终接种菌量约为 5×10^5 CFU/ml。置于 37℃培养箱孵育 18～24 小时，观察有无细菌生长。

3. **结果判断** 药物最低浓度管无细菌生长者（对照管细菌生长良好），即为待检菌的最低抑菌浓度。

实验二十五 肉汤连续稀释法

【目的】

用普通肉汤培养基将中药煎液（或提取液）稀释成各种浓度，然后在各药物管中接种相同量的供试菌，置于 37℃温箱中孵育 18～24 小时，取出后观察中药对供试菌的抑制程度。

【原理】

若供试中药的抗菌作用强，用较低浓度的药物便能抑制细菌的生长；抗菌作用弱者，则需较高浓度的药物才能抑菌。若药物无抗菌作用，即使在高浓度的药物中细菌仍然生长。

【材料】

（1）药品。普通肉汤培养基、葡萄糖酚红肉汤培养基、中药煎液、供试菌。

（2）器材。灭菌试管、接种环、恒温培养箱。

【方法】

取无菌小试管 10 支,以无菌操作方法在第 1 管中加入无菌肉汤培养基 0.8ml,其余 9 管均为 0.5ml。又向第 1 管加入 100% 中药煎液 0.2ml,混匀后取出 0.5ml 放在第 2 管中,照此继续稀释至第 9 管,从第 9 管中取出 0.5ml 丢弃。此时药物在各管中的浓度分别为:1/5、1/10、1/20、1/40、1/80、1/160、1/320、1/640、1/1280。第 10 管不加任何药物作为对照。

各管均加入在肉汤中培养了 6～8 小时的供试菌。用无菌肉汤将其稀释成 1/1000 浓度的菌液,从中各取出 0.5ml 加入 1～10 管中,混匀,置于 37℃恒温孵育箱中培养 18～24 小时。

某些中药加入肉汤后,常常出现浑浊和颜色变深的现象,给判断结果带来困难。因此,可采用葡萄糖酚红肉汤培养基(即肉汤含葡萄糖 1%,酚红 0.002%),代替普通肉汤培养基。这样,细菌在葡萄糖酚红肉汤中生长,发酵葡萄糖产酸,使酚红指示剂变成黄色,更容易读取实验结果。若为营养要求较高的细菌,可在肉汤中加入 8%～10% 的无菌血清。

在含有药物的肉汤培养基管中,接种细菌的方式采用以直径 2mm 的接种环蘸取 1/100～1/10 稀释度的供试菌肉汤培养物 1 环种入,或在含药物肉汤培养基 1ml 的试管中加入 1/1000 稀释度的供试菌液 1 滴亦可。置于 37℃温箱中孵育 18～24 小时后观察结果。

【结果】

若对照管细菌生长良好,药液管同时发生浑浊现象,即表示供试菌在含药物的培养基中生长,供试药物无抑菌作用;若药液管清亮,则表示供试菌生长受到抑制。其能够抑制细菌生长的最大药物稀释倍数,即为该药物的最小抑菌浓度(MIC)。将清亮的药液肉汤各管转种于肉汤琼脂平板培养基上面,于 37℃恒温孵育 18～24 小时后观察结果,仍无细菌生长的最小药物浓度即为该药物的最小杀菌浓度(MBC)。

实验二十六　肉汤琼脂斜面连续稀释法

【目的】

细菌的自发突变现象经常发生,突变率为 10^{-10}～10^{-5},从而导致进行肉汤稀释试验时,个别耐药突变菌株繁殖造成肉汤管培养基出现轻微浑浊的现象。加之,中药液的色泽较深暗,虽然加入指示剂能够帮助辨别,但个别结果的观察还存在着困难。解决这一问题的具体办法,为改用肉汤琼脂斜面稀释试验(或肉汤琼脂平板连续稀释试验)。

【原理】

使自发产生的耐药突变细菌只能在培养基表面形成几个不受注意的菌落,避免了中药煎液颜色深暗及其与培养基混合后出现浑浊造成的干扰,更加易于进行结果的观察。

【材料】

(1)药品。普通肉汤培养基、葡萄糖酚红肉汤培养基、中药煎液、琼脂粉、供试菌。

(2)器材。灭菌试管、接种环、恒温培养箱、高压蒸汽灭菌锅。

【方法】

将 100% 中药煎液用肉汤培养基逐一稀释成各个所需的浓度。每个浓度取 5ml,加入灭菌试管中,然后再向其中加入优质琼脂 0.1g(2%),高压灭菌后取出,制成斜面,冷凝后备用(不耐受高温的药物,不用此法稀释,参照平板稀释方法进行试验)。向各种浓度的中药液琼脂斜面培养基管接种 1/100 稀释度的菌液 1 环。一组浓度药物的琼脂斜面仅能测定一株供试菌。置于 37℃恒温孵育箱中培养 18～24 小时后观察结果。

【结果】

若药物有抗菌作用,则供试菌不形成菌落,否则便有菌落生长。

实验二十七 肉汤琼脂平板连续稀释法

【目的】

用普通肉汤琼脂培养基,把一些不耐受高温的中药煎液制成各种浓度的平板,观察中药对供试菌的抑制程度。

【原理】

用普通肉汤琼脂培养基把中药煎液(或提取液)制成各种浓度的平板,凝固后做无菌试验,每个浓度的平板培养基可接种 6～8 株供试菌。于 37℃恒温培养后观察结果。

【材料】

(1)药品。普通肉汤培养基、无菌药液、琼脂粉、供试菌。

(2)器材。无菌试管、接种环、无菌吸管、无菌培养皿、恒温培养箱、高压蒸汽灭菌锅。

【方法】

将 2% 肉汤琼脂培养基用试管分装,每管 9ml,高压灭菌后保存备用。用无菌蒸馏水将无菌药液配制成 0(不稀释)、1/2、1/4、1/8、1/16、1/32、1/64、1/128、1/256 等不同稀释度的药液。用无菌吸管分别吸取不同浓度的药液 1ml,加入装在试管中已经熔化了并冷却至 50℃左右的 9ml 肉汤培养基中,立即混匀,趁热倾注于无菌培养皿中做成平板。待琼脂培养基表面干燥后,取供试菌肉汤培养物(经 6～8 小时培养并稀释成 1/100～1/10 菌液)1 环,以连续画线法密集画线接种。每个培养基可接种 4～8 株供试菌。供试菌也可用菌落接种,但接种量应特别少,否则很容易将其误认为生长的菌落。运动力很强的变形杆菌,由于生长扩散妨碍了对其他菌落的观察,故 1 个平板仅能接种 1 株。置于 37℃恒温中培养 18～24 小时后观察结果。

【结果】

若供试菌受到药物抑制则不形成菌落,否则有供试菌菌落生长。平板稀释试验只能测定药物的抑菌效力,不能测定药物的杀菌能力。药物的抗菌效力用琼脂平板稀释法测定比用肉汤连续稀释法测定结果稍微低些。

注意事项

(1)接种细菌时,要注意无菌操作,接种环在使用前后均要烧灼灭菌。

(2)用试管倍比稀释时,要注意稀释的顺序和移液管的清洁,每次移液前注意清洗移液管,或更换新的移液管。

【思考题】

(1)中药体外抗菌实验中,连续稀释法的具体操作方法是怎样的?

（2）如何测定药物的最低抑菌浓度和最小杀菌浓度？

第二节　扩　散　法

纸片琼脂扩散法的标准操作方法

1. **基本原理**　将含有定量抗菌药物的纸片贴在已接种待检菌的琼脂平板上，纸片中所含的药物吸收琼脂中的水分溶解后，会不断地向纸片周围区域扩散，形成递减的梯度浓度，在纸片周围抑菌浓度范围内待检菌的生长被抑制，从而产生透明的抑菌圈。抑菌圈的大小反映检测菌对测定药物的敏感程度，并与该药对待检菌的最低抑菌浓度（MIC）呈负相关：抑菌圈愈大，MIC 愈小。

2. **试验方法**

（1）挑取培养 18～24 小时纯培养菌落 4～5 个。

（2）接种于 3～5ml 水解酪蛋白（Mueller Hinton，M-H 0.5 麦氏单位）肉汤中，于 37℃ 下培养 6～8 小时。

（3）用无菌生理盐水或 M-H 肉汤校正菌液浊度，使其与标准比浊管的浓度相同。在 15 分钟内接种完毕。

（4）用无菌棉签蘸取校正过的菌液，在试管壁上挤压几次，压去多余的菌被，涂布到整个 M-H 平板表面，再重复 2 次，每次旋转平板 60°，使整个平板涂布均匀，最后用棉签涂布平板四周边缘。

（5）涂布菌液的平板于室温下干燥 3～5 分钟后，用纸片分配器或无菌镊子取药敏纸片，贴于平板表面，并用镊尖轻压一下纸片，使其贴平。每张纸片的间距不小于 24mm，纸片的中心距平板的边缘不小于 15mm；90mm 直径的平板宜贴 6 张药敏纸片。贴完纸片后，应在 15 分钟内将平板反转。

（6）将贴好纸片的平板置于 37℃ 下孵育 18～24 小时后，用卡尺量取抑菌圈直径。个别菌孵育温度、时间及条件应遵循临床实验室标准化协会（Clinical Laboratory Standard Institute，CLSI）的规定。

3. **结果判断**　根据 CLSI M100 最新标准将所测抑菌圈的大小，报告为敏感（S）、中介或中敏（I）、耐药（R）。

4. **对某些细菌抑菌圈的判读有特殊要求**

（1）检测葡萄球菌或肠球菌对苯唑西林和万古霉素的抑菌圈需要用透射光（将平板对着光线）。肉眼看不见细菌生长，需用放大镜才能发现的细小菌落则可忽略不计。检测葡萄球菌或肠球菌时，在苯唑西林纸片（葡萄球菌）或万古霉素纸片（肠球菌）周围的透明抑菌圈内有任何明显的菌落或生长薄膜（包括针尖样菌落），则提示耐药。

（2）如抑菌圈内有独立生长的菌落，则提示可能有杂菌，需要重新分离鉴定和进行药敏试验。此菌落也可能为高频突变耐药株。

（3）变形杆菌属可蔓延到某些抗生素的抑菌圈内，所以在明显的抑菌圈内有薄膜样爬行生长可忽略不计。

（4）某些细菌的磺胺类药抑菌圈内可能有微量的细菌生长，可忽略不计，应以外圈为准。

（5）测试链球菌时应测量生长受抑制区域而不是溶血受抑制区域。

实验二十八　打孔法(挖洞法)

【目的】

根据抑菌圈直径的大小(以 mm 为单位)可以判断出药物抗菌效力的大小。

【原理】

本方法是将实验菌先接种在琼脂表面(或用倾注法接种),再挖小孔或放置钢圈,并在孔内加中药煎液(药量 0.1ml),药液便向周围培养基扩散。37℃培养后,有抗菌作用的中药就在小孔周围形成清楚的抑菌圈。本法操作简便、实用。但某些中药在琼脂平板上不易扩散,以致测出的抗菌效力要相对低些。

【材料】

(1)药品。实验菌培养物、肉汤琼脂、新鲜药液。

(2)器材。无菌吸管、L 形玻璃棒、无菌棉签、镊子、接种环、小刀、滤纸片、金属打孔器、塑料泡沫栓子、钢圈、直尺、高压锅、恒温培养箱。

【方法】

用无菌吸管吸取实验菌 6~8 小时肉汤培养物的 1/10000 稀释度菌液 0.1ml,注于肉汤琼脂平板表面,用 L 形玻璃棒将其涂布均匀(或用无菌棉签蘸取少量菌液涂布亦可),以无菌金属打孔器打成 6mm 直径的小孔 3~4 个。除去孔内琼脂,吸取中药液约 0.1ml 加在孔内,盖上皿盖(用无菌陶土皿盖可避免蒸发水汽凝聚滴下),置于 37℃恒温下培养 18~24 小时,观察结果。

琼脂的浓度与培养基厚薄均能影响药物的抗菌效力。为了使药物更好地扩散,可以采用将培养基制成双层的实验方法,即培养基底层先倒一层 2% 肉汤琼脂,冷却后再在上面倒一层混有实验菌的 1.5% 肉汤琼脂培养基(1.5% 肉汤琼脂培养基 100ml,熔化冷却至 45℃左右,加入 1/10000 稀释菌液 1ml,混匀)。冷凝后打孔,除去孔内的琼脂,加入 0.05ml 药液。置于 37℃下培养 18~24 小时后观察结果。

【结果】

药物无抗菌作用就不形成抑菌圈;若有抗菌作用,便依其抗菌效力的强弱形成不同直径(以 mm 为单位)的抑菌圈,用直尺测量抑菌圈的大小。

实验二十九　泡沫海绵栓子法

【目的】

根据抑菌圈直径的大小(以 mm 为单位)可以判断出药物抗菌效力的大小。

【原理】

本方法是将实验菌先接种在琼脂表面,再放置经药液浸泡过的栓子,药液向周围培养基扩散。置于 37℃环境下培养后,有抗菌作用的中药就在栓子周围形成清楚的抑菌圈。

【材料】

(1)药品。实验菌培养物、肉汤琼脂、新鲜药液。

（2）器材。L形玻璃棒、镊子、接种环、塑料泡沫栓子、直尺、高压蒸汽灭菌锅、恒温培养箱。

【方法】

用塑料泡沫制成直径 6mm、高 7mm 的圆柱形栓子，装入瓶中。121℃ 30 分钟加压灭菌后备用。使用前将其栓子置于 100% 中药煎剂中浸泡。实验时按常法将实验菌接种在肉汤琼脂平板培养基上，然后放入经中药浸泡过的泡沫栓子，于 37℃ 恒温培养箱培养 18～24 小时后观察结果。

【结果】

药物无抗菌作用就不形成抑菌圈；若有抗菌作用，便依其抗菌效力的强弱形成不同直径（以 mm 为单位）的抑菌圈，用直尺测量抑菌圈的大小。

实验三十　钢圈法

【目的】

根据抑菌圈直径的大小（以 mm 为单位）可以判断出药物抗菌效力的大小。

【原理】

本方法是将实验菌先接种在琼脂表面，再放置钢圈，并在钢圈内加入中药煎液，药液向周围培养基扩散。于 37℃ 环境下培养后，有抗菌作用的中药就在钢圈周围形成清楚的抑菌圈。

【材料】

（1）药品。实验菌培养物、肉汤琼脂、新鲜药液。

（2）器材。L形玻璃棒、镊子、接种环、钢圈、直尺、高压蒸汽灭菌锅、恒温培养箱。

【方法】

用不锈钢制成内径 6mm、外径 8mm、高 10mm 的钢圈，并经高压蒸汽灭菌。实验时将钢圈安置在已接种细菌的培养基平板上，在钢圈中加满中药煎液（勿外溢），置于 37℃ 恒温培养箱中培养 18～24 小时后观察结果。

【结果】

药物无抗菌作用就不形成抑菌圈；若有抗菌作用，便依其抗菌效力的强弱形成不同直径（以 mm 为单位）的抑菌圈，用直尺测量抑菌圈的大小。

实验三十一　滤纸片法

【目的】

根据抑菌圈直径的大小（以 mm 为单位）可以判断出药物抗菌效力的大小。

【原理】

本方法是将实验菌先接种在琼脂表面，再贴上经过药液浸泡的滤纸片，药液向周围培养基扩散。于 37℃ 环境下培养后，有抗菌作用的中药就在小孔周围形成清楚的抑菌圈。

【材料】

（1）药品。实验菌培养物、肉汤琼脂、新鲜药液。

（2）器材。L形玻璃棒、镊子、接种环、滤纸片、直尺、高压蒸汽灭菌锅、恒温培养箱。

【方法】

先按上述实验方法在普通琼脂培养基平板上接种实验菌，然后用无菌镊子夹取浸透药液的滤纸片（纸片直径 6mm，每片吸附中药液 20μl，浸药之前需灭菌消毒）贴放在琼脂培养基表面。每个琼脂平板放 3～4 个滤纸片。然后盖好皿盖，置于 37℃恒温箱内培养 18～24 小时后观察结果。

滤纸片法比打孔法简单实用，不足之处是滤纸片吸附药物较少，仅抗菌效力强的药物才会出现抑菌圈。

【结果】

药物无抗菌作用就不形成抑菌圈；若有抗菌作用，便依其抗菌效力的强弱形成不同直径（以 mm 为单位）的抑菌圈，用直尺测量抑菌圈的大小。

实验三十二　挖 沟 法

【目的】

根据抑菌圈直径的大小（以 mm 为单位）可以判断出药物抗菌效力的大小。

【原理】

本方法是将实验菌先接种在琼脂表面，再挖小沟，并在小沟内加入中药煎液，药液向周围培养基扩散。置于 37℃环境下培养后，有抗菌作用的中药就在小孔周围形成清楚的抑菌圈。

【材料】

（1）药品。实验菌培养物、肉汤琼脂、新鲜药液。

（2）器材。L形玻璃棒、镊子、接种环、小刀、直尺、高压蒸汽灭菌锅、恒温培养箱。

【方法】

用无菌小刀在肉汤琼脂培养基表面上切出长 7cm、宽 0.7cm 的沟槽一条。除去沟内琼脂。用接种环将实验菌（6～8 种）接种在沟两旁的培养基表面，接种线与沟槽垂直相交。再向沟槽中注满药液，以不外溢为度。由于槽内满载药液，前后方向移动培养基平板时，要小心平行推进，避免药液溢出。最后盖好皿盖，置于 37℃恒温培养箱内培养 18～24 小时，取出后观察结果。

【结果】

若检测的药物无抗菌作用，沿接种线生长的部位就会有细菌生长；若该药物有抗菌作用，则依其抗菌效力的强弱，在药物与实验菌接触处形成不同长度的抑菌带。以 mm 为单位，用直尺测量抑菌带长度。

注意事项

（1）打孔法和挖沟法中，要保持培养基的完整，孔或沟的边缘光滑完整。

（2）在孔、沟、钢圈内，加入药液时，注意不要外溢，尽量加满。

（3）贴药敏纸片时，要注意纸片和纸片之间的距离，还有纸片和培养皿边缘的距离。

第三节 熏蒸法

【目的】

根据抑菌环的直径或平板上的菌落数,判断药物抗菌能力的强弱。

【原理】

若药物的挥发性物质具有杀菌作用,则受到药物熏蒸的培养基产生抑菌环或无法生成菌落。

一、鲜植物药挥发性物质的杀菌效力的测定

【材料】

(1)药品。实验菌液、肉汤琼脂、新鲜药物碎糊、石蜡、中药卷条。

(2)器材。无菌吸管、L 形玻璃棒、接种环、不锈钢或玻璃小圆筒、塑料薄膜、直尺、熏蒸柜、恒温培养箱。

【方法】

吸取实验菌液(1/10000 稀释度)0.1ml,注于肉汤琼脂培养基平板上,用 L 形玻璃棒涂布均匀。在皿盖中心部位放置新鲜药物碎糊 1g,并铺成大约直径 10mm 的团块;若测定药物汁液挥发性物质的杀菌作用,则先在皿盖中心放置一个直径 10mm 的不锈钢或玻璃制成的小圆筒,并用熔化的石蜡焊住圆筒底部缝隙,避免药物的汁液渗出。然后在圆筒中注满药液。将已接种上细菌的平板培养基和装有圆筒药液的平皿盖合套一起,外面用塑料薄膜包裹(避免挥发性物质的逸出)。置于 37℃恒温培养箱内培养 18~24 小时后观察结果。若测定挥发性物质杀死细菌所需要的时间,要将接种了实验菌的琼脂培养基平板熏蒸 15~30 分钟后,用无菌皿盖置换有药物碎糊的皿盖,平皿底盖合套后,置于 37℃下培养 18~24 小时后观察结果。

【结果】

若药物的挥发性物质具有杀菌作用,则遭受药物熏蒸的培养基平板的部分区域无细菌生长。根据无菌区域环直径的大小,可以判断药物抗菌力的强弱。

二、中药烟熏的杀菌效力的测定

【材料】

(1)药品。实验菌培养物、肉汤培养基、中药卷条。

(2)器材。无菌平板、接种环、酒精灯、烟熏柜、恒温培养箱。

【方法】

取肉汤琼脂培养基平板至少两个,并接种相同量的实验菌。将平板分为两组,其中一组不经过烟熏,作为对照组;另一组放置到烟熏柜中,并打开皿盖。将中药卷条点燃烟熏至一定时间后取出。盖上皿盖,置于 37℃恒温培养箱中培养 18~24 小时后观察结果。

【结果】

对实验组和对照组平板上的菌落进行计数,并且比较两者的差异性,以判断中药烟熏的杀菌效果。

若测定中药烟熏对空气的消毒作用,方法是取肉汤琼脂培养基平板 5 个,分别放在门窗

关闭的房间(约 70m³)中的 5 个不同位置,打开皿盖,暴露 30 分钟后取回,作为对照组。继而将 20g 中药卷条在房内点燃烟熏,待燃烧完毕,再另取肉汤琼脂平板培养基 5 个,放在相同位置并打开皿盖暴露 30 分钟,作为实验组。将两组平板培养基同时置于 37℃恒温培养箱内培养 18~24 小时。取出后,计数每一平板上的菌落及算出 5 个平板的菌落平均数,比较两组菌落数的差异,用以判断中药烟熏消毒结果。

注意事项

(1)测定挥发性物质的杀菌效力时,小筒要用石蜡与平皿盖固定好,避免药液溢出。

(2)测定中药烟熏的杀菌效力时,注意设定对照组。

【思考题】

如何设计一个实验,测定中药烟熏对室内空气的消毒作用?

第四节　氯化三苯基四氮唑快速药物试验

【目的】

快速判定供试中药有无抗菌作用。

【原理】

细菌生长繁殖过程中产生的琥珀酸脱氢酶,能使无色的氯化三苯基四氮唑(TTC)还原成红色的三苯甲臜不溶性化合物。在培养基中混入 TTC 和一定量菌液制成倾注平板,继而按前述打孔法或其他方法加入药液,共同进行培养。若供试药物有抗菌作用,则细菌的繁殖被药物抑制,琥珀酸脱氢酶活性显著下降,不能将 TTC 还原为红色的三苯甲臜,故不出现红色。

【材料】

(1)药品。实验菌液、TTC 溶液、肉汤培养基、新鲜药液。

(2)器材。金属打孔器、接种环、恒温培养箱。

【方法】

吸取实验菌的 1/1000 稀释度菌液 0.5ml,注于无菌培养皿中,加入 0.5% TTC 溶液 0.4ml,再与加热熔化并冷却至 45℃左右的肉汤琼脂培养基约 15ml 一并倒入皿内,充分旋转混匀,冷却。按前述打孔法(或钢圈法或泡沫海绵栓子法)打孔,然后向孔内加入药液,以不溢出孔外为度。将培养皿置于 37℃恒温培养箱内,开盖 15~20 分钟,使培养基表面凝结水干燥,再盖上皿盖。继续培养 1~3 小时后观察结果。

【结果】

被测试的中药若有抗菌作用时,在药物周围会形成无色半透明抑菌圈,圈外呈红色;若为无抗菌作用的中药液孔,周围完全呈红色。

注意事项

0.5% TTC 溶液的配制方法是:称取 TTC 50mg,放于灭菌小瓶内,加入 2% 琥珀酸溶液 10ml(取琥珀酸钠 1g,加 0.85% 氯化钠溶液 50ml 溶解)。121℃ 15 分钟灭菌后外包黑纸,置于冰箱内保存备用。TTC 的浓度以 0.5% 最好,1 小时内即可转红,3 小时达顶点。

若浓度过高,则反而有杀菌作用。配制 TTC 时,如无琥珀酸钠,亦可将 TTC 溶于 pH8 的磷酸盐缓冲液内,但反应时间略有延长。TTC 溶液灭菌后应避光保存,室温可保存 2 个月,置于冰箱内可保存更长时间。TTC 对光敏感,故应盛放于棕色瓶或外包黑纸的瓶内,否则容易变质,影响实验结果。

【思考题】

若要快速检测某种中药是否有抗菌作用,有什么方法,其原理是什么?

第五节　中药抗结核分枝杆菌检测方法

【目的】

检测中药对结核分枝杆菌的抗菌作用。

【原理】

结核分枝杆菌是需氧菌,生长缓慢,营养要求特殊。采用固体斜面连续稀释法,即将罗氏培养基上生长良好的结核分枝杆菌接种于含有不同浓度的抗结核药物的培养基上,经一定时间的孵育后,观察最高稀释倍数药物对结核分枝杆菌的抑制作用。

【材料】

(1)药品。结核分枝杆菌菌液、无菌蒸馏水、中药煎液、罗氏培养基、结核分枝杆菌敏感菌株($H_{37}RV$)。

(2)器材。无菌试管、高压蒸汽灭菌锅、血清凝固器、恒温培养箱。

【方法】

取中试管 10 支,每管均加入无菌蒸馏水 3ml。向第 1 管中加入 40% 中药煎液 3ml 混匀,从中取出 3ml 加入第 2 管中混匀,再从第 2 管中取出 3ml 加在第 3 管中,照此依次稀释,直到第 9 管,并从中取出 3ml 弃去。第 10 管只加 3ml 蒸馏水作为对照。再向各管加入新配制、未加热凝固的罗氏培养基(浓缩 2 倍者)3ml,混匀。

将各管注明药物的浓度,然后斜放在血清凝固器内,加热至 85℃ 使其凝固,然后,在 90℃ 维持 1 小时灭菌。待冷却后,将含菌量为 1mg/ml 的结核分枝杆菌悬液 0.1ml 分别接种到不同浓度药物的培养基上,同时接种不含药物的培养基 1 管作为对照。

另外,尚需接种已知的结核分枝杆菌敏感菌株($H_{37}RV$)作为阳性对照。

将实验培养管和对照管一并置于 37℃ 恒温孵育箱中培养,每周观察一次,培养 4 周,直到未加药物的对照管中细菌生长良好时读取结果。

【结果】

若对照管有结核分枝杆菌生长,并且菌落数在 10 个以上,含有药物的最高稀释倍数的培养基内无结核分枝杆菌生长者,即为该结核分枝杆菌对某种药物的敏感度。若含药物培养基管中有结核分枝杆菌生长,但菌落数在 10 个以下者,为避免与细菌自发突变抗药菌株相混淆,暂作阴性处理,并同时做重复试验。

注意事项

结核分枝杆菌应用菌液的制备：取结核分枝杆菌菌落若干，放在盛有玻璃珠子的无菌三角瓶中，振摇 3 分钟打碎菌落；加入 2‰ 吐温-80 溶液 0.5ml，再振摇 0.5 分钟，加无菌生理盐水 7.5ml。此时的菌悬液相当于硫酸钡比浊管第 9 管的浊度，含菌量为 1mg/ml。

【思考题】

如何检测中药对结核分枝杆菌的抗菌作用？

（朴喜航）

中　篇

综合性与设计性实验

第六章	综合性与设计性实验

第一节　环境中微生物的检查

人的生活离不开水和空气,空气中的微生物主要来源于土壤、水体表面、动植物、人体及生产活动等,肉眼无法看清楚,并且种类繁多,有细菌、真菌、病毒、噬菌体等;而水体中的微生物主要来源于土壤,以及人类和动物的排泄物及污染物。水体中微生物的数量和种类受各种环境条件的制约。本节实验可以使学生初步了解周围环境中微生物的分布情况,培养学生运用知识综合分析问题和解决问题的能力。

实验三十三　空气中微生物的检查

【目的】

通过对空气中存在的微生物进行分离和培养,让学生掌握微生物学常用的实验方法和技术的同时了解微生物在空气中的分布情况,培养学生的动手能力和综合分析问题的能力。

【原理】

微生物在自然界中的分布非常广泛,可以分布在空气、土壤和水中。将固体培养基暴露于空气中,空气中的微生物就会落在培养基表面,经过培养后就会长出菌落。通过观察菌落的形态和数量,可以对空气中分布的微生物有个大体了解。

【材料】

营养琼脂培养基(学生自己制备)、37℃恒温培养箱。

【方法】

每组取 3 个平板,标记,在实验室前、中、后各放 1 个,开盖,使培养基完全暴露于空气中,放置 20 分钟,然后收起来,置于 37℃恒温培养箱培养 24 小时,观察结果。除了可以检查实验室空气中微生物的分布,还可检查走廊、卫生间、宿舍等处空气中微生物的分布。

【结果】

观察平板上的菌落,依据其大小、颜色、透明度等特点,初步对菌落进行辨别,并计数。

做平皿菌落计数时,可用眼睛直接观察,必要时用放大镜检查,以防遗漏。

实验三十四　饮用水中微生物的检查

【目的】

通过对饮用水中存在的微生物进行分离和培养,让学生掌握微生物在饮用水中的分布情况,培养学生的动手能力和综合分析问题的能力。

【原理】

微生物在自然界中的分布非常广泛,可以分布在空气、土壤和水中。将固体培养基暴露于空气中,空气中的微生物就会落在培养基表面,经过培养后就会长出菌落,通过观察菌落的形态和数量,可以对空气中分布的微生物有大体的了解。

【材料】

饮用水、灭菌平皿、灭菌吸管、营养琼脂培养基(学生自己制备)、37℃恒温培养箱。

【方法】

无菌操作,用灭菌吸管吸取 1ml 充分混匀的水样,注入灭菌平皿中,倾注约 15ml 已熔化并冷却到 45℃左右的营养琼脂培养基,立即旋摇平皿,使水样与培养基充分混匀。待冷却凝固后,翻转平皿,使底面向上,同时另取一个平皿,只倾注营养琼脂培养基并将之作为空白对照。置于 37℃恒温培养箱培养 24 小时,观察结果。

【结果】

进行菌落计数,即为 1ml 水样中的菌落总数。

第二节　土壤中微生物的分离与纯化

小时候,我们都喜欢玩泥巴,泥土加水揉一揉就做成了泥巴。大雨过后,空气中有一股泥腥味,这种气味主要是土壤中放线菌产生的土腥味引起的。除了放线菌,土壤中还含有数量和种类都极其丰富的其他微生物,可以说,土壤是微生物生活的大本营。同学们,你们能运用之前学过的知识与技能,从土壤中分离出不同类型的微生物吗？或者从发霉的食物中分离出不同类型的微生物吗？

一、设计环节提示

(一)分组领取任务

按照实验人数分组,以组为单位进行实验,每组 5～6 名学生,每组选出 1 名组长,实验实行组长负责制。每组向老师领取本次实验任务(老师可将本次实验分成不同任务,不同任务采用不同的土样)。

(二)设计实验方案

根据任务查阅资料,制订实验方案。详细的实验方案应包括以下几点。

(1)确定实验中所需的仪器、试剂或溶液及其他用具的数量及规格。

(2)列出详细的实验步骤。

(3)预估实验中可能出现的情况,并给出相应对策。

（4）教师审核，优化方案。

教师对实验方案进行审核，针对方案中的不足之处指导学生进行修改，形成本组最终实验方案。

（三）开展实验

每组根据最终实验方案开展实验。实验中应注意以下几点。

（1）每组成员相互协调，承担相应任务，完成本次实验。切忌出现组内成员有的承担任务多、有的没任务的现象。

（2）做好实验准备，包括制备所需的培养基、准备无菌的培养皿、配制所需试剂等。

（3）规范操作相关仪器，观察实验现象，记录实验结果。

（4）实验过程中教师对学生进行指导，及时纠正学生的不规范操作。

（四）完成实验报告

认真完成实验报告。实验报告书写要求参见附录。

二、设计参考

（一）实验名称

土壤中微生物的分离与纯化。

（二）实验目的

（1）复习倒平板的方法。

（2）掌握几种常用的分离纯化微生物的基本操作技术。

（3）复习培养基的制备。

（4）复习染色及镜检技术。

（三）基本原理

微生物的分离与纯化是指从混杂的微生物群体中获得只含有某一种或某一株微生物的过程。常用的方法有简易单细胞挑取法和平板分离法。

1. 简易单细胞挑取法　需要特制的显微操纵器或其他显微技术，因此，其使用受到限制，其原理和方法本书不做介绍。

2. 平板分离法　其基本原理包括以下 2 个方面。

（1）选择适合待分离微生物的生长条件，例如温度、酸碱度和营养等要求，或加入某种抑制剂，造成只利于该微生物生长，而抑制其他微生物生长的环境，进而大大减少不需要的微生物。

（2）微生物在固体培养基上生长形成的单个菌落可以是由一个细胞繁殖而成的集合体。可以通过挑取单菌落而获得一种纯培养物。获得单个菌落的方法可通过平板画线或稀释涂布平板完成。

（四）所用器材及试剂

1. 器材　锥形瓶、量筒、试管、棉花、吸管、接种环、酒精灯、培养皿、玻璃刮铲、接种环、记号笔、土样、链霉素等。

2. 培养基　高氏Ⅰ号培养基、牛肉膏蛋白胨琼脂培养基、马丁琼脂培养基。

3. 溶液或试剂　盛9ml 无菌水的试管、10％ 酚、盛 90ml 无菌水并带有玻璃珠的锥形瓶。

(五)操作步骤

1. 稀释涂布平板法

(1)倒平板。将高氏Ⅰ号培养基、牛肉膏蛋白胨琼脂培养基、马丁琼脂培养基加热熔化,待温度为 55～60℃时,高氏Ⅰ号琼脂培养基中加入 10% 酚数滴,马丁琼脂培养基中加入链霉素溶液(最终浓度为 30μg/ml),混匀倒平板,每种培养基倒 3 个培养皿。

(2)菌液的稀释(10 倍系列稀释法)。称取 10g 土样,放入盛 90ml 无菌水的锥形瓶中,振摇 20～30 分钟,使土样与水混合,将细胞分散。用 1ml 无菌吸管吸取土壤菌悬液 1ml,移入装有 9ml 无菌生理盐水的试管中,吹吸 3 次,使菌液混匀,即成 10^{-1} 的稀释液;再换新的 1ml 无菌吸管,吸取 10^{-1} 的稀释液 1ml,移入另一根装有 9ml 无菌生理盐水的试管中,吹吸 3 次,使菌液混匀,即成 10^{-2} 的稀释液;以同样的方法连续稀释,制成 10^{-3}、10^{-4}、10^{-5}、10^{-6}、10^{-7}、10^{-8}、10^{-9} 等系列稀释菌液(稀释的浓度视原液的浓度而定,一般做到 10^{-9},图 6-1)。

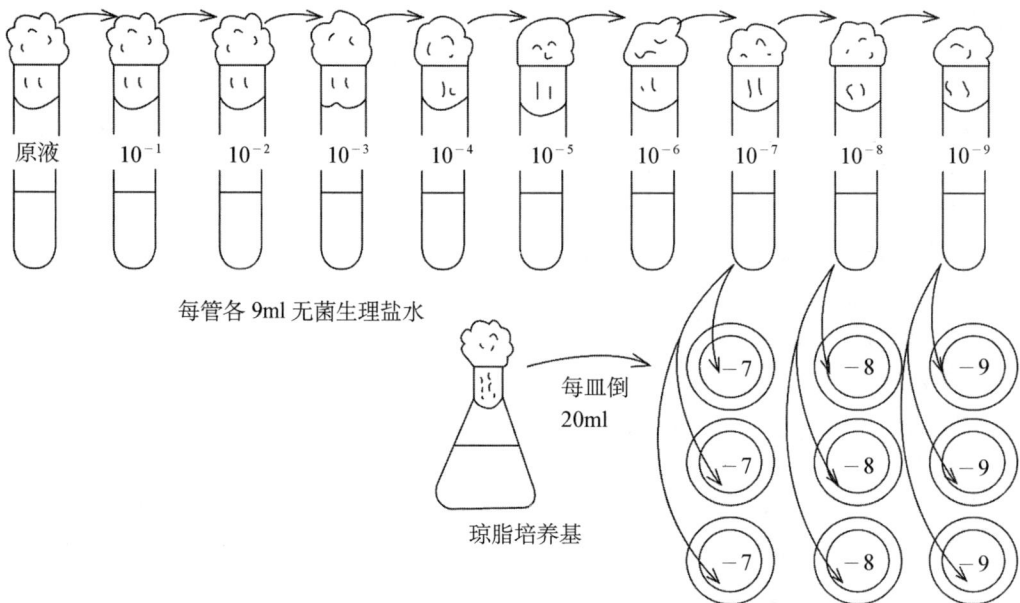

图 6-1　菌液稀释

(3)涂布。取 10^{-7}、10^{-8}、10^{-9} 稀释度,用 1ml 无菌吸管吸 0.1ml 土壤稀释液注入琼脂培养基表面中央,每个稀释度各做 3 个培养皿,并用记号笔标上浓度标记。(若分离放线菌采用 10^{-3}、10^{-4}、10^{-5} 稀释度,则分离真菌采用 10^{-2}、10^{-3}、10^{-4} 稀释度)用无菌玻璃刮铲轻轻涂抹均匀(图 6-2)。室温下静置 5～10 分钟,使菌液吸附进培养基,并标记培养基名称、土样编号及组名和日期。

(4)培养。将高氏Ⅰ号培养基平板和马丁琼脂培养基平板于 28℃培养箱中,倒置培养 3～5 天,牛肉膏蛋白胨琼脂培养基平板于 28℃培养箱中倒置培养 2～3 天。

(5)挑菌落。分别挑取少许培养后长出的单个菌落细胞,接种到上述 3 种培养基的斜面上,分别置于 28℃和 37℃培养箱中培养,待菌苔长出,细胞涂片染色后用显微镜观察是否为

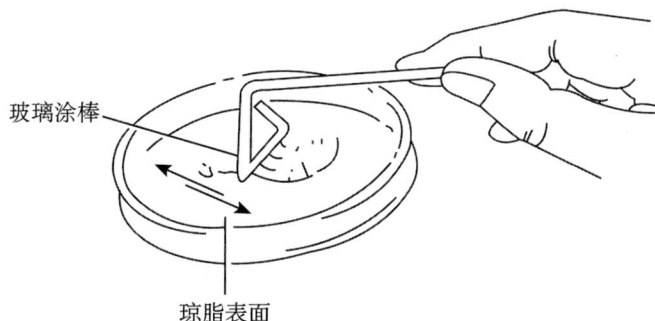

玻璃涂棒

琼脂表面

图 6-2　涂布

单一微生物。如有杂菌,需再次进行分离、纯化,直到获得纯培养物。

　　2.平板画线分离法

　　(1)倒平板。按前述方法倒平板,并标记培养基名称、土样编号及组名和日期。

　　(2)画线。按图 6-3 的画线方法画线。

　　(3)挑菌落。同稀释涂布平板法,一直分离到认为纯化的微生物为止。

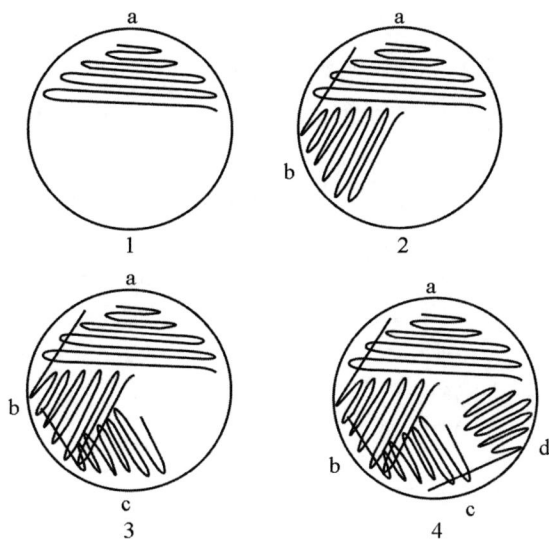

图 6-3　画线方法

第三节　食用菌菌种分离与菌丝形态观察

　　食用菌(edible fungi)是指可供人们食用的高等真菌,主要包括蘑菇、草菇、香菇、金针菇、木耳、银耳、松茸以及作为药用的茯苓、猪苓、马勃、虫草、灵芝等。食用菌的营养成分大致介于肉类和果蔬之间,具有极高的营养价值。很多人喜食食用菌,那么,你知道食用菌是如何栽培的吗?你见过食用菌的"种子"吗?本节实验我们就一起来进行食用菌的菌种分离和菌丝观察吧。

一、设计环节提示

(一)分组领取任务

按照实验人数分组,以组为单位进行实验,每组5~6名学生,每组选出1名组长,实验实行组长负责制。每组选择本组感兴趣的蘑菇作为本次实验的材料(可选择不同的食用菌,例如双孢蘑菇、蟹味菇、白玉菇、香菇等)。

(二)设计实验方案

根据任务查阅资料,制订实验方案。详细的实验方案应包括以下几点。

(1)确定实验中所需的仪器、试剂或溶液及其他用具的数量及规格。

(2)列出具体的实验步骤。

(3)预估实验中可能出现的情况,并给出相应对策。

(4)熟悉所用的仪器操作规程。

(5)教师审核,优化方案。

教师对每组实验方案进行审核,针对方案中的不足之处指导学生进行修改,形成本组最终实验方案。

(三)开展实验

每组根据最终实验方案开展实验。实验中应注意以下几点。

(1)每组成员相互协调,承担相应任务,完成本次实验。切忌出现组内成员有的承担任务多、有的没任务的现象。

(2)做好实验准备,包括制备所需的培养基,准备无菌的培养皿,配制所需试剂与仪器等。

(3)规范操作相关仪器,观察实验现象,记录实验结果。

(4)实验过程中,教师对学生进行指导,及时纠正学生的不规范操作,学生有疑惑的及时请教指导教师。

(四)完成实验报告

认真完成实验报告,实验报告书写要求参见附录。

二、设计参考

(一)实验名称

食用菌菌种分离及菌丝观察。

(二)实验目的

(1)复习培养基的制备。

(2)掌握食用菌菌种组织分离法。

(3)复习倒平板、制备试管斜面的方法。

(4)复习染色及镜检技术。

(三)基本原理

分离纯菌种是微生物工作中的一项基础工作,也是一项比较细致的工作。食用菌菌种的分离方法有孢子分离、组织分离和菇木(耳木)分离,不同方法适用于不同菌种。孢子分离法即在无菌操作条件下使孢子在适宜的培养基上萌发,长成菌丝体而获得纯菌种的方法。组织分离法是利用子实体内部菌肉组织来获得纯菌种的一种最简便的方法,也是野外采集蘑菇的常用方法之一,但不适用于子实体小、薄及胶质的种类。耳木分离法是利用耳木中的菌丝而得到纯菌种的方法,此方法缺点为污染较多,能用孢子分离、组织分离获得菌种的菇类,一般都不用这一方法。

组织分离根据分离材料的不同,大体分为子实体组织分离、菌核组织分离和菌索分离。本次实验主要学习组织分离法中的子实体组织分离。

(四)所用器材及试剂

1. 器材及试剂　解剖刀、镊子、超净工作台、75% 乙醇、解剖针、显微镜、记号笔、蘑菇(鲜品)等。

2. 培养基　马铃薯-葡萄糖-琼脂培养基。

(五)操作步骤

1. 配制培养基　将配制好的培养基分装入试管和锥形瓶内,加塞。试管的装量不超过管高 1/4;三角瓶的装量以不超过三角瓶容积的一半为限。分装通常使用大漏斗,漏斗下口连有一段橡皮软管,橡皮管下面再接一根玻璃滴管,橡皮管上夹一弹簧夹。

2. 灭菌　装入高压灭菌锅,103.42kPa,121.3℃,灭菌 20～30 分钟。

3. 搁置斜面　将灭菌的试管培养基冷却至 50℃左右,将试管口端搁在玻璃棒或其他合适高度的器具上,搁置的斜面长度以不超过试管总长的一半为宜。

4. 倒平板　按前述方法倒平板,并标记培养基名称、组名和日期。

5. 无菌检查　将灭菌的培养基抽样置于 37℃温箱(或培养箱)内,培养 24～48 小时,证明无菌生长后才可使用。

6. 选取分离材料　选取单菇、朵大、盖厚、无病虫害的菌蕾做分离材料。

7. 分离过程　将幼菇根部带泥部分切掉,放入超净工作台中,用无菌水冲洗几次,并用无菌纸吸干,用 75% 乙醇表面消毒,用消毒过的解剖刀在菇柄或菌盖中部纵切一刀,撕开,挑取菌盖与菌柄交界处的一小块组织,接到 PDA 培养基上(图 6-4)。

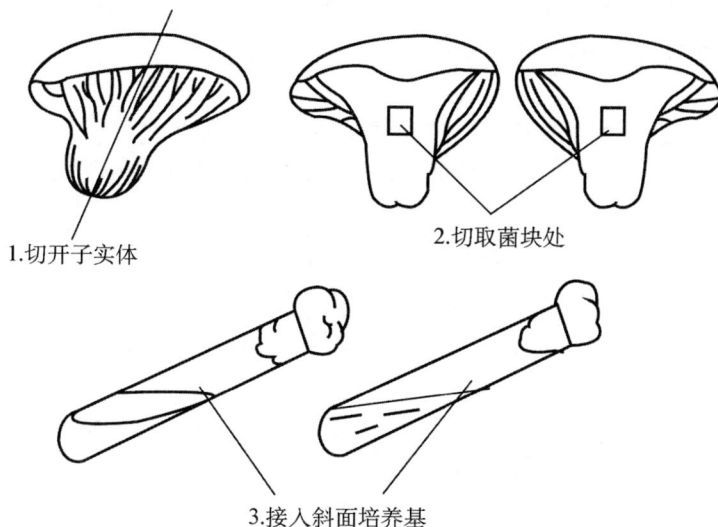

1.切开子实体　　　2.切取菌块处

3.接入斜面培养基

图 6-4　组织分离法

8. 培养　将上述 PDA 培养基放入 25℃ 培养箱中培养,3～5 天如看到组织块周围产生白色绒毛状菌丝,说明分离成功。继续培养,直到斜面培养基长满菌丝。

9. 平板培养观察　将试管斜面的菌丝接入 PDA 平板上,25℃ 培养箱中培养 12 天左右后,在载玻片上加一滴乳酸石炭酸棉蓝染色液,用解剖针从菌落边缘挑取少量食用菌菌丝,放入载玻片上染液中,用解剖针小心地将菌丝分散开。盖上盖玻片,置低倍镜下观察,必要时换高倍镜。

第四节　粪便标本中肠道杆菌的分离鉴定

人的肠道中栖居着大量不致病的细菌,但侵入或定植于肠道引起疾病的病原微生物种类较多,包括肠道杆菌科、多种病毒等。大多数肠道杆菌属于正常菌群,当机体免疫力降低或肠道杆菌侵入肠道外组织时致病。同学们,你们能运用之前学过的知识与技能,从粪便中分离和鉴定出肠道内的条件致病菌吗?

一、设计环节提示

(一)分组领取任务
按照实验人数分组,以组为单位进行实验,每组 5～6 名学生,每组选出 1 名组长,实验实行组长负责制。

(二)设计实验方案
根据任务查阅资料,制订实验方案。详细的实验方案应包括以下几点。
(1)确定实验中所需的仪器、试剂或溶液及其他用具的数量及规格。
(2)列出具体的实验步骤。
(3)预估实验中可能出现的情况,并给出相应对策。
(4)熟悉所用的仪器操作规程。
(5)教师审核,优化方案。教师对每组实验方案进行审核,针对方案中的不足之处指导学生进行修改,形成本组最终实验方案。

(三)开展实验
每组根据最终实验方案开展实验。实验中应注意以下几点。
(1)每组成员相互协调,承担相应任务,完成本次实验。切忌出现组内成员有的承担任务多、有的没任务的现象。
(2)做好实验准备,包括制备所需的培养基,准备无菌的培养皿,配制所需试剂与仪器等。
(3)规范操作相关仪器,观察实验现象、记录实验结果。
(4)实验过程中,教师对学生进行指导,及时纠正学生的不规范操作,学生有疑惑的及时请教指导教师。

(四)完成实验报告
认真完成实验报告。实验报告书写要求参见附录。

二、设计参考

(一)实验名称

粪便标本中肠道杆菌的分离鉴定。

(二)实验目的

(1)复习培养基的制备。

(2)掌握肠道杆菌的分离方法。

(3)掌握肠道杆菌的鉴定方法。

(三)基本原理

粪便是肠道杆菌科细菌感染临床检验的最常见标本。肠道杆菌是一群革兰阴性杆菌,形态和染色无法区分病原菌与肠道中的正常菌群,通常根据各菌在鉴别或选择培养基上的菌落特点及生化反应结果等进行初步鉴定,而后再根据各类菌的抗原特异性用血清学试验给予鉴定。

(四)所用器材及试剂

1. 器材及试剂　超净工作台、油镜、酒精灯、滤纸、载玻片、接种环、75%乙醇、肠道杆菌培养物、革兰染色液、柯氏试剂(对二甲基苯甲醛)、V-P试剂[40%氢氧化钾水溶液(内含0.3%肌酸)]、6% α-萘酚乙醇溶液、多价诊断血清、生理盐水。

2. 培养基　SS琼脂平板、EMB平板、双糖铁培养基、蛋白胨水培养基、葡萄糖蛋白胨水培养基、柠檬酸盐培养基。

(五)操作步骤

(1)用接种环挑取新鲜粪便标本(可用米汤加白色葡萄球菌、大肠埃希菌代替),分区画线接种于EMB平板或SS琼脂平板上,于37℃环境下培养24小时。

(2)进行革兰染色。注意肠道杆菌形态、排列、染色特点。

(3)用接种针以无菌操作技术挑取标本,立即垂直插入双糖铁培养基中心至接近管底处,再循原路退出到斜面上。

(4)接种针于斜面最低处向上画一直线(要求通过试管培养基的中心点),然后再从斜面低处向上轻轻来回蜿蜒画线。

(5)接种完毕,盖好试管塞。贴上标签纸,在37℃环境下培养18~24小时,取出后观察结果并分析。

(6)分别接种大肠埃希菌、产气杆菌于2支蛋白胨水培养基中。

(7)在37℃环境下,孵育48小时后取出,每管加2~3滴柯氏试剂于液面上,静置1~2分钟后观察结果。

(8)分别接种大肠埃希菌和产气杆菌于2支葡萄糖蛋白胨水培养基中。

(9)在37℃环境下孵育2~3天后取出,分别滴加甲基红试剂2~3滴,混匀,可立即观察结果。

(10)分别接种大肠埃希菌和产气杆菌于2支2ml葡萄糖蛋白胨水培养基中。

(11)在37℃环境下孵育48小时后分别加入KOH和 α-萘酚乙醇溶液各1ml,摇匀,在37℃环境下静置15~30分钟(或振荡10分钟)。

(12)分别将大肠埃希菌、产气杆菌接种于2支柠檬酸盐培养基。

(13)置于 37℃环境下培养 24 小时后观察结果。

(14)根据初步鉴定结果,选用相应诊断血清做载玻片凝集试验。用接种环自双糖铁培养基上挑取少许菌苔,分别于生理盐水和相应诊断血清中拌匀,摇动载玻片 1～2 分钟,观察结果。

(六)注意事项

细菌培养物与生理盐水及诊断血清充分混匀。

(七)实验报告

写出实验设计方案,记录鉴定结果。

(康 曼 陈 莉)

下 篇

实践与研究

第七章　食品中微生物检验实验与技术(疾控中心微生物检验所操作方法)

第一节　菌落总数测定

菌落总数测定参照 GB 4789.2—2010。

一、范围

本标准规定了食品中菌落总数(aerobic plate count)的测定方法。本标准适用于食品中菌落总数的测定。

二、术语和定义

菌落总数 aerobic plate count　食品检样经过处理,在一定条件下(如培养基、培养温度和培养时间等)培养后,所得每克(毫升)检样中形成的微生物菌落总数。

三、设备和材料

除微生物实验室常规灭菌及培养设备外,其他设备和材料如下。
(1)恒温培养箱。(36 ±1)℃ ,(30 ±1)℃ 。
(2)冰箱。2～5℃。
(3)恒温水浴箱。(46 ±1)℃ 。
(4)天平。感量为 0.1g。
(5)均质器。
(6)振荡器。
(7)无菌吸管。1ml(具 0.01ml 刻度)、10ml(具 0.1ml 刻度)或微量移液器及吸头。
(8)无菌锥形瓶。容量 250ml、500ml。
(9)无菌培养皿。直径 90mm。
(10)pH 计或 pH 比色管或精密 pH 试纸。
(11)放大镜和(或)菌落计数器。

四、培养基和试剂

(1)平板计数琼脂培养基。
(2)磷酸盐缓冲液。

(3)无菌生理盐水。

五、操作步骤

1. 样品的稀释

(1)固体和半固体样品。称取 25g 样品置于盛有 225ml 磷酸盐缓冲液或生理盐水的无菌均质杯内,8000～10000r/min 均质 1～2 分钟,或放入盛有 225ml 稀释液的无菌均质袋中,用拍击式均质器拍打 1～2 分钟,制成 1:10 的样品匀液。

(2)液体样品。以无菌吸管吸取 25ml 样品置于盛有 225ml 磷酸盐缓冲液或生理盐水的无菌锥形瓶(瓶内预置适当数量的无菌玻璃珠)中,充分混匀,制成 1:10 的样品匀液。

(3)用 1ml 无菌吸管或微量移液器吸取 1:10 样品匀液 1ml,沿管壁缓慢注于盛有 9ml 稀释液的无菌试管中(注意吸管或吸头尖端不要触及稀释液面),振摇试管或换用 1 支无菌吸管反复吹吸使其混合均匀,制成 1:100 的样品匀液。

(4)按上一步的操作程序,制备 10 倍系列稀释样品匀液。每递增稀释 1 次,换用 1 次 1ml 无菌吸管或吸头。

(5)根据对样品污染状况的估计,选择 2～3 个适宜稀释度的样品匀液(液体样品可包括原液),在进行 10 倍递增稀释时,吸取 1ml 样品匀液于无菌平皿内,每个稀释度做 2 个平皿。同时,分别吸取 1ml 空白稀释液加入 2 个无菌平皿内做空白对照。

(6)及时将 15～20ml 冷却至 46℃的平板计数琼脂培养基〔可放置于(46±1)℃ 恒温水浴箱中保温〕倾注入平皿,并转动平皿使其混合均匀。

2. 培养

(1)待琼脂凝固后,将平板翻转,(36±1)℃培养(48±2)小时。水产品(30±1)℃培养(72±3)小时。

(2)如果样品中可能含有在琼脂培养基表面弥漫生长的菌落时,可在凝固后的琼脂表面覆盖一薄层琼脂培养基(约 4ml),凝固后翻转平板,按上一步的条件进行培养。

3. 菌落计数　可用肉眼观察,必要时用放大镜或菌落计数器,记录稀释倍数和相应的菌落数量。菌落计数以菌落形成单位(colony-forming units,CFU)表示。

(1)选取菌落数在 30～300CFU 之间、无蔓延菌落生长的平板记录菌落总数。低于 30CFU 的平板记录具体菌落数,大于 300CFU 的可记录为"多不可计"。每个稀释度的菌落数应采用 2 个平板的平均数。

(2)其中一个平板有较大片状菌落生长时,则不宜采用,而应以无片状菌落生长的平板作为该稀释度的菌落数;若片状菌落不到平板的一半,而其余一半中菌落分布又很均匀,即可计算半个平板后乘以 2,代表一个平板菌落数。

(3)当平板上出现菌落间无明显界线的链状生长时,则将每条单链作为一个菌落计数。

六、结果与报告

1. 菌落总数的计算方法

(1)若只有一个稀释度平板上的菌落数在适宜计数范围内,计算 2 个平板菌落数的平均值,再将平均值乘以相应稀释倍数,作为每克(毫升)样品中菌落总数结果。

(2)若有 2 个连续稀释度的平板菌落数在适宜计数范围内时,按公式(7.1)计算:

$$N = \sum C / (n_1 + 0.1 n_2) d \qquad (7.1)$$

式中：

N——样品中菌落数；

$\sum C$——平板(含适宜范围菌落数的平板)菌落数之和；

n_1——第一稀释度(低稀释倍数)平板个数；

n_2——第二稀释度(高稀释倍数)平板个数；

d——稀释因子(第一稀释度)。

上述数据修约(修约原则参考菌落总数的报告)后,表示为 25000 或 2.5×10^4。

(3)若所有稀释度的平板上菌落数均大于 300CFU,则对稀释度最高的平板进行计数,其他平板可记录为"多不可计",结果按平均菌落数乘以最高稀释倍数计算。

(4)若所有稀释度的平板菌落数均小于 30CFU,则应按稀释度最低的平均菌落数乘以稀释倍数计算。

(5)若所有稀释度(包括液体样品原液)平板均无菌落生长,则以小于 1 乘以最低稀释倍数计算。

(6)若所有稀释度的平板菌落数均在 30～300CFU 之外,其中一部分小于 30CFU 或大于 300CFU 时,则以最接近 30CFU 或 300CFU 的平均菌落数乘以稀释倍数计算。

2. 菌落总数的报告

(1)菌落数小于 100CFU 时,按四舍五入原则修约,以整数报告。

(2)菌落数大于或等于 100CFU 时,第 3 位数字采用四舍五入原则修约后,取前 2 位数字,后面用 0 代替个位数;也可用 10 的指数形式来表示,按四舍五入原则修约后,采用 2 位有效数字。

(3)若所有平板上为蔓延菌落而无法计数,则报告菌落蔓延。

(4)若空白对照上有菌落生长,则此次检测结果无效。

(5)称重取样以 CFU/g 为单位报告,体积取样以 CFU/ml 为单位报告。

第二节　大肠菌群稀释培养测数法测定

大肠菌群稀释培养测数法测定参照 GB 4789.3—2010 中第一法。

一、范围

本标准规定了食品中大肠菌群(coliforms)计数的方法。本标准适用于食品中大肠菌群的计数。

二、术语和定义

1. 大肠菌群 coliforms　在一定培养条件下能发酵乳糖、产酸产气的需氧和兼性厌氧革兰阴性无芽胞杆菌。

2. 最可能数(most probable number,MPN)　基于泊松分布的一种间接计数方法。

三、设备和材料

除微生物实验室常规灭菌及培养设备外,其他设备和材料如下。

(1)恒温培养箱。(36 ±1)℃ 。

(2)冰箱。2~5℃。

(3)恒温水浴箱。(46 ±1)℃ 。

(4)天平。感量 0.1g。

(5)均质器。

(6)振荡器。

(7)无菌吸管。1ml(具 0.01ml 刻度)、10ml(具 0.1ml 刻度)或微量移液器及吸头。

(8)无菌锥形瓶。容量 500ml。

(9)无菌培养皿。直径 90mm。

(10)pH 计或 pH 比色管或精密 pH 试纸。

(11)菌落计数器。

四、培养基和试剂

(1)月桂基硫酸盐胰蛋白胨(lauryl sulfate tryptose,LST)肉汤。

(2)煌绿乳糖胆盐(brilliant green lactose bile,BGLB)肉汤。

(3)结晶紫中性红胆盐琼脂(violet red bile agar,vRBA)。

(4)磷酸盐缓冲液。

(5)无菌生理盐水。

(6)无菌 1mol/L NaOH。

(7)无菌 1mol/L HCl。

五、操作步骤 (图 7-1)

1. 样品的稀释

(1)固体和半固体样品。称取 25g 样品,放入盛有 225ml 磷酸盐缓冲液或生理盐水的无菌均质杯内,8000~10000r/min 均质 1~2 分钟,或放入盛有 225ml 磷酸盐缓冲液或生理盐水的无菌均质袋中,用拍击式均质器拍打 1~2 分钟,制成 1:10 的样品匀液。

(2)液体样品。以无菌吸管吸取 25ml 样品置于盛有 225ml 磷酸盐缓冲液或生理盐水的无菌锥形瓶(瓶内预置适当数量的无菌玻璃珠)中,充分混匀,制成 1:10 的样品匀液。

(3)样品匀液的 pH 应在 6.5~7.5,必要时分别用 1mol/L NaOH 或 1mol/L HCl 调节。

(4)用 1ml 无菌吸管或微量移液器吸取 1:10 样品匀液 1ml,沿管壁缓缓注入 9ml 磷酸盐缓冲液或生理盐水的无菌试管中(注意吸管或吸头尖端不要触及稀释液面),振摇试管或换用 1 支 1ml 无菌吸管反复吹吸,使其混合均匀,制成 1:100 的样品匀液。

(5)根据对样品污染状况的估计,按上述操作,依次制成 10 倍递增系列稀释样品匀液。每递增稀释 1 次,换用 1 支 1ml 无菌吸管或吸头。从制备样品匀液至样品接种完毕,全过程不得超过 15 分钟。

```
┌─────────────────────────────────┐
│             检样                │
│  25g(ml)样品+225ml稀释液,均质    │
└─────────────────────────────────┘
                │
                ▼
┌─────────────────────────────────┐
│          10 倍系列稀释           │
└─────────────────────────────────┘
                │
                ▼
┌─────────────────────────────────────────┐
│ 选择适宜3个连续稀释度的样品匀液,接种LST肉汤管 │
└─────────────────────────────────────────┘
        (36±1)℃      (48±2)小时
        ┌──────────────┴──────────────┐
        ▼                             ▼
   ┌─────────┐                   ┌─────────┐
   │  不产气  │                   │  产气   │
   └─────────┘                   └─────────┘
        │                             │
        │                             ▼
        │                        ┌─────────┐
        │                        │ BGLB 肉汤 │
        │                        └─────────┘
        │              (36±1)℃        (48±2)小时
        │              ┌──────────────┴──────────────┐
        │              ▼                             ▼
        │         ┌─────────┐                   ┌─────────┐
        │         │  不产气  │                   │  产气   │
        │         └─────────┘                   └─────────┘
        │              │                             │
        ▼              ▼                             ▼
   ┌──────────────────────┐          ┌──────────────────────┐
   │     大肠菌群阴性       │          │     大肠菌群阳性       │
   └──────────────────────┘          └──────────────────────┘
                         │            │
                         ▼            ▼
                     ┌──────────────────┐
                     │     查MPN 表      │
                     └──────────────────┘
                               │
                               ▼
                     ┌──────────────────┐
                     │     报告结果      │
                     └──────────────────┘
```

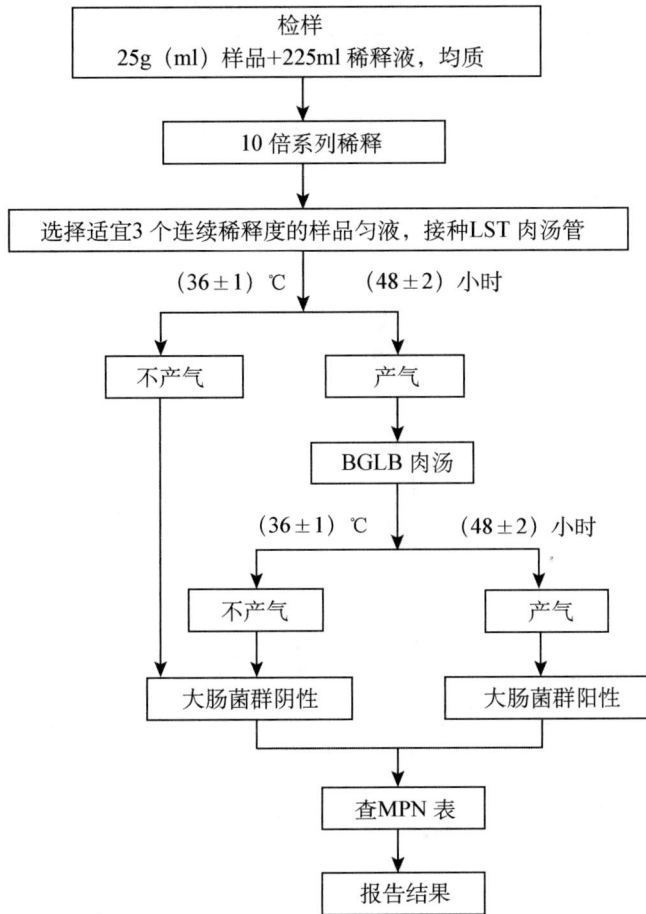

图 7-1 大肠菌群 MPN 计数法检验程序

2. 初发酵试验 每个样品,选择 3 个适宜的连续稀释度的样品匀液(液体样品可以选择原液),每个稀释度接种 3 管月桂基硫酸盐胰蛋白胨(LST)肉汤,每管接种 1ml(如接种量超过 1ml,则用双料 LST 肉汤),(36±1)℃培养(24±2)小时,观察导管内是否有气泡产生,(24±2)小时产气者进行复发酵试验,如未产气则继续培养至(48±2)小时,产气者进行复发酵试验。未产气者为大肠菌群阴性。

3. 复发酵试验 用接种环从产气的 LST 肉汤管中分别取培养物 1 环,移种于煌绿乳糖胆盐肉汤管中,(36±1)℃培养(48±2)小时,观察产气情况。产气者,计为大肠菌群阳性管。

4. 大肠菌群最可能数(MPN)的报告 按复发酵试验确证的大肠菌群 LST 阳性管数,检索 MPN 表(表 7-1),报告每克(毫升)样品中大肠菌群的 MPN 值。

表 7-1 大肠菌群最可能数(MPN)检索表

阳性管数			MPN	95%可信限		阳性管数			MPN	95%可信限	
0.1	0.01	0.001		下限	上限	0.1	0.01	0.001		下限	上限
0	0	0	<3.0	—	9.5	2	2	0	21	4.5	42
0	0	1	3.0	0.15	9.6	2	2	1	28	8.7	94
0	1	0	3.0	0.15	11	2	2	2	35	8.7	94
0	1	1	6.1	1	18	2	3	0	29	8.7	94
0	2	0	6.2	1.2	18	2	3	1	36	8.7	94
0	3	0	9.4	3.6	38	3	0	0	23	4.6	94
1	0	0	3.6	0.17	18	3	0	1	38	8.7	110
1	0	1	7.2	1.3	18	3	0	3	64	17	180
1	0	2	11	3.6	38	3	1	0	43	9	180
1	1	0	7.4	1.3	20	3	1	1	75	17	200
1	1	1	11	3.6	38	3	1	2	120	37	420
1	2	0	11	3.6	42	3	1	3	160	40	420
1	2	1	15	4.5	42	3	2	0	93	18	420
1	3	0	16	4.5	42	3	2	1	150	37	420
2	0	0	9.2	1.4	38	3	2	2	210	40	430
2	0	1	14	3.6	42	3	2	3	290	90	1000
2	0	2	20	4.5	42	3	3	0	240	42	1000
2	1	0	15	3.7	42	3	3	1	460	90	2000
2	1	1	20	4.5	42	3	3	2	1100	180	4100
2	1	2	27	8.7	94	3	3	3	>1100	420	—

注:1. 本表采用 3 个稀释度[0.1g(ml)、0.01g(ml) 和 0.001g(ml)],每个稀释度接种 3 管。

2. 表内所列检样量如改用 1g(ml)、0.1g(ml) 和 0.01g(ml)时,表内数字应相应降低 10 倍;如改用 0.01g(ml)、0.001g(ml)、0.0001g(ml)时,则表内数字应相应增高 10 倍,其余类推。

第三节 真菌和酵母菌计数

真菌和酵母菌计数参照 GB 4789.15—2010。

一、范围

本标准规定了食品中真菌和酵母菌(fungus and yeasts)的计数方法。本标准适用于各类食品中真菌和酵母菌的计数。

二、设备和材料

除微生物实验室常规灭菌及培养设备外,其他设备和材料如下。

(1)冰箱。2～5℃。

(2)恒温培养箱。(28±1)℃。

(3)均质器。

(4)恒温振荡器。

(5)显微镜。10×～100×。

(6)电子天平。感量 0.1g。

(7)无菌锥形瓶。容量 500ml、250ml。

(8)无菌广口瓶。500ml。

(9)无菌吸管。1ml(具 0.01ml 刻度)、10ml(具 0.1ml 刻度)。

(10)无菌平皿。直径 90mm。

(11)无菌试管。10mm×75mm。

(12)无菌牛皮纸袋、塑料袋。

三、培养基和试剂

(1)马铃薯-葡萄糖-琼脂培养基。

(2)孟加拉红培养基。

四、操作步骤

1. 样品的稀释

(1)固体和半固体样品。称取 25g 样品放入盛有 225ml 灭菌蒸馏水的锥形瓶中,充分振摇,即为 1:10 稀释液。或放入盛有 225ml 无菌蒸馏水的均质袋中,用拍击式均质器拍打 2 分钟,制成 1:10 的样品匀液。

(2)液体样品。以无菌吸管吸取 25ml 样品置于盛有 225ml 无菌蒸馏水的锥形瓶(可在瓶内预置适当数量的无菌玻璃珠)中,充分混匀,制成 1:10 的样品匀液。

(3)取 1ml 1:10 稀释液注入含有 9ml 无菌水的试管中,另换一支 1ml 无菌吸管反复吹吸,制成 1:100 的稀释液。

(4)按上一步的操作程序,制备 10 倍系列稀释样品匀液。每递增稀释 1 次,换用 1 次 1ml 无菌吸管。

(5)根据对样品污染状况的估计,选择 2~3 个适宜稀释度的样品匀液(液体样品可包括原液),在进行 10 倍递增稀释的同时,每个稀释度分别吸取 1ml 样品匀液置于 2 个无菌平皿内。同时分别吸取 1ml 样品稀释液加入 2 个无菌平皿做空白对照。

(6)及时将 15~20ml 冷却至 46℃的马铃薯-葡萄糖-琼脂或孟加拉红培养基[可放置于(46±1)℃恒温水浴箱中保温]倾注入平皿,并转动平皿使其混合均匀。

2. 培养　待琼脂凝固后,将平板倒置,(28±1)℃培养 5 天,观察并记录。

3. 菌落计数　肉眼观察,必要时可用放大镜,记录各稀释倍数及相应的真菌和酵母菌数。以菌落形成单位(colony forming units,CFU)表示。

选取菌落数在 10~150CFU 的平板,根据菌落形态分别记录真菌和酵母菌数。真菌蔓延生长覆盖整个平板的可记录为"多不可计"。菌落数应采用 2 个平板的平均数。

五、结果与报告

1. 结果

(1)计算 2 个平板菌落数的平均值,再将平均值乘以相应稀释倍数计算。

(2)若所有平板上菌落数均大于 150CFU,则对稀释度最高的平板进行计数,其他平板可记录为"多不可计",结果按平均菌落数乘以最高稀释倍数计算。

(3)若所有平板上菌落数均小于 10CFU,则应按稀释度最低的平均菌落数乘以稀释倍数计算。

（4）若所有稀释度平板均无菌落生长，则以小于 1 乘以最低稀释倍数计算；如为原液，则以小于 1 计数。

2．报 告

（1）菌落数在 100 以内时，按四舍五入原则修约，采用 2 位有效数字报告。

（2）菌落数大于或等于 100 时，前 3 位数字采用四舍五入原则修约后，取前 2 位数字，后面用 0 代替个位数来表示结果；也可用 10 的指数形式来表示，此时也按四舍五入原则修约，采用 2 位有效数字。

（3）称重取样以 CFU/g 为单位报告，体积取样以 CFU/ml 为单位报告，报告或分别报告真菌和（或）酵母菌数。

第四节　沙门菌检验

沙门菌检验参照 GB 4789.4—2010。

一、范围

本标准规定了食品中沙门菌（salmonella）的检验方法。本标准适用于食品中沙门菌的检验。

二、设备和材料

除微生物实验室常规灭菌及培养设备外，其他设备和材料如下。

（1）冰箱。2～5℃ 。

（2）恒温培养箱。（36 ±1）℃，（42 ±1）℃ 。

（3）均质器。

（4）振荡器。

（5）电子天平。感量 0.1g。

（6）无菌锥形瓶。容量 500ml、250ml。

（7）无菌吸管。1ml（具 0.01ml 刻度）、10ml（具 0.1ml 刻度）或微量移液器及吸头。

（8）无菌培养皿。直径 90mm。

（9）无菌试管。3mm×50mm、10mm×75mm。

（10）无菌毛细管。

（11）pH 计或 pH 比色管或精密 pH 试纸。

（12）全自动微生物生化鉴定系统。

三、培养基和试剂

（1）缓冲蛋白胨水（BPW）。

（2）四硫磺酸钠煌绿（TTB）增菌液。

（3）亚硒酸盐胱氨酸（SC）增菌液。

（4）亚硫酸铋（BS）琼脂。

（5）HE 琼脂。

（6）木糖赖氨酸脱氧胆盐（XLD）琼脂。

（7）沙门菌属显色培养基。

（8）三糖铁（TSI）琼脂。

（9）蛋白胨水、吲哚试剂。

（10）尿素琼脂（pH7.2）。

（11）氰化钾（KCN）培养基。

（12）赖氨酸脱羧酶试验培养基。

（13）糖发酵管。

（14）邻硝基酚 β-D 半乳糖苷（ONPG）培养基。

（15）半固体琼脂。

（16）丙二酸钠培养基。

（17）沙门菌 O 诊断血清。

（18）生化鉴定试剂盒。

四、检验程序

沙门菌检验程序如图 7-2。

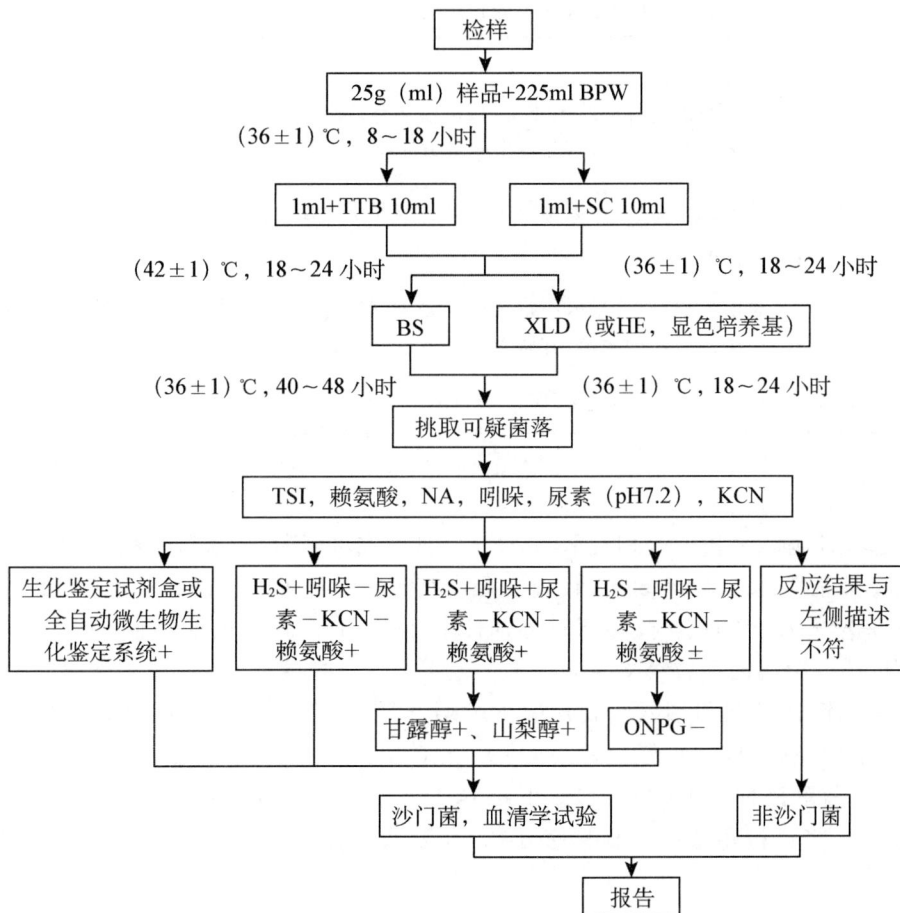

图 7-2　沙门菌检验程序

五、操作步骤

1. 前增菌　称取 25g(ml)样品放入盛有 225ml BPW 的无菌均质杯中,以 8000～10000r/min 均质 1～2 分钟,或置于盛有 225ml BPW 的无菌均质袋中,用拍击式均质器拍打 1～2 分钟。若样品为液态,不需要均质,振荡混匀。如需测定 pH,用 1mol/ml 无菌氢氧化钠或盐酸将 pH 调至(6.8±0.2)。无菌操作将样品转至 500ml 锥形瓶中,如使用均质袋,可直接进行培养,于(36±1)℃培养 8～18 小时。如为冷冻产品,应在 45℃ 以下不超过 15 分钟,或 2～5℃ 不超过 18 小时解冻。

2. 增菌　轻轻摇动培养过的样品混合物,移取 1ml,转种于 10ml TTB 内,于(42±1)℃ 培养 18～24 小时。同时,另取 1ml,转种于 10ml SC 内,于(36±1)℃ 培养 18～24 小时。

3. 分离　分别用接种环取增菌液 1 环,画线接种于一个 BS 琼脂平板和一个 XLD 琼脂平板(或 HE 琼脂平板或沙门菌属显色培养基平板)。于(36±1)℃ 分别培养 18～24 小时(XLD 琼脂平板、HE 琼脂平板、沙门菌属显色培养基平板)或 40～48 小时(BS 琼脂平板),观察各个平板上生长的菌落,各个平板上的菌落特征见表 7-2。

表 7-2　沙门菌属在不同选择性琼脂平板上的菌落特征

选择性琼脂平板	菌落特征
BS 琼脂	菌落为黑色有金属光泽、棕褐色或灰色,菌落周围培养基可呈黑色或棕色;有些菌株形成灰绿色的菌落,周围培养基不变
HE 琼脂	蓝绿色或蓝色,多数菌落中心黑色或几乎全黑色;有些菌株为黄色,中心黑色或几乎全黑色
XLD 琼脂	菌落呈粉红色,带或不带黑色中心,有些菌株可呈现大的带光泽的黑色中心,或呈现全部黑色的菌落;有些菌株为黄色菌落,带或不带黑色中心
沙门菌属显色培养基	按照显色培养基的说明进行判定

4. 生化试验

(1)自选择性琼脂平板上分别挑取 2 个以上典型或可疑菌落,接种三糖铁琼脂,先在斜面画线,再于底层穿刺;接种针不要灭菌,直接接种赖氨酸脱羧酶试验培养基和营养琼脂平板,于(36±1)℃ 下培养 18～24 小时,必要时可延长至 48 小时。在三糖铁琼脂和赖氨酸脱羧酶试验培养基内,沙门菌属的反应结果见表 7-3。

(2)接种三糖铁琼脂和赖氨酸脱羧酶试验培养基的同时,可直接接种蛋白胨水(供做吲哚试验)、尿素琼脂(pH7.2)、氰化钾(KCN)培养基,也可在初步判断结果后从营养琼脂平板上挑取可疑菌落接种。于(36±1)℃ 下培养 18～24 小时,必要时可延长至 48 小时,按表 7-4 判定结果。将已挑菌落的平板储存于 2～5℃ 或室温下至少保留 24 小时,以备必要时复查。

表7-3　沙门菌属在三糖铁琼脂和赖氨酸脱羧酶试验培养基内的反应结果

三糖铁琼脂				赖氨酸脱羧酶试验培养基	初步判断
斜面	底层	产气	硫化氢		
K	A	+(-)	+(-)	+	可疑沙门菌属
K	A	+(-)	+(-)	-	可疑沙门菌属
A	A	+(-)	+(-)	+	可疑沙门菌属
A	A	+／-	+／-	-	非沙门菌
K	K	+／-	+／-	+／-	非沙门菌

注:K,产碱;A,产酸;+,阳性;-,阴性;+(-),多数阳性,少数阴性;+／-,阳性或阴性。

表7-4　沙门菌属生化反应初步鉴别表

反应序号	硫化氢(H$_2$S)	吲哚	pH7.2尿素	氰化钾(KCN)	赖氨酸脱羧酶
A1	+	-	-	-	+
A2	+	+	-	-	+
A3	-	-	-	-	+／-

注:+,阳性;-,阴性;+／-,阳性或阴性。

反应序号 A1:典型反应判定为沙门菌属。如尿素、KCN 和赖氨酸脱羧酶 3 项中有 1 项异常,按表7-5 可判定为沙门菌,如有 2 项异常为非沙门菌。

表7-5　沙门菌属生化反应初步鉴别表

pH7.2尿素	氰化钾(KCN)	赖氨酸脱羧酶	判定结果
-	-	-	甲型副伤寒沙门菌(要求血清学鉴定结果)
-	+	+	沙门菌Ⅳ或Ⅴ(要求符合本群生化特性)
+	-	+	沙门菌个别变体(要求血清学鉴定结果)

注:+,阳性;-,阴性。

反应序号 A2:补做甘露醇和山梨醇试验,沙门菌吲哚阳性变体 2 项试验结果均为阳性,但需要结合血清学鉴定结果进行判定。

反应序号 A3:补做 ONPG。ONPG 阴性为沙门菌,同时赖氨酸脱羧酶阳性,甲型副伤寒沙门菌为赖氨酸脱羧酶阴性。

必要时按表7-6 进行沙门菌生化群的鉴别。

表7-6　沙门菌属各生化群的鉴别

项目	Ⅰ	Ⅱ	Ⅲ	Ⅳ	Ⅴ	Ⅵ
卫矛醇	+	+	-	-	+	-
山梨醇	+	+	+	+	+	-
水杨苷	-	-	-	+	-	-

（续　表）

项目	Ⅰ	Ⅱ	Ⅲ	Ⅳ	Ⅴ	Ⅵ
ONPG	－	－	＋	－	＋	－
丙二酸盐	－	＋	＋	－	－	－
KCN	－	－	－	＋	＋	－

注：＋，阳性；－，阴性。

（3）如选择生化鉴定试剂盒或全自动微生物生化鉴定系统，可根据生化试验第一步的初步判断结果，从营养琼脂平板上挑取可疑菌落，用生理盐水制备成浊度适当的菌悬液，使用生化鉴定试剂盒或全自动微生物生化鉴定系统进行鉴定。

5. 血清学鉴定

（1）抗原的准备。一般采用 1.2％～1.5％琼脂培养物作为玻片凝集试验用的抗原。O 血清不凝集时，将菌株接种在琼脂量较高的（如 2％～3％）培养基上再检查；如果是由于 Vi 抗原的存在而阻止了 O 凝集反应时，可挑取菌苔于 1ml 生理盐水中做成浓菌液，于酒精灯火焰上煮沸后再检查。H 抗原发育不良时，将菌株接种在 0.55％～0.65％ 半固体琼脂平板的中央，待菌落蔓延生长时，在其边缘部分取菌检查；或将菌株通过装有 0.3％～0.4％半固体琼脂的小玻管 1～2 次，自远端取菌培养后再检查。

（2）多价菌体抗原（O）鉴定。在玻片上画出 2 个约 1cm×2cm 的区域，挑取 1 环待测菌，各放 1/2 环于玻片上的每一区域上部，在其中一个区域下部加 1 滴多价菌体（O）抗血清，在另一区域下部加入 1 滴生理盐水，作为对照。再用无菌的接种环或针分别将两个区域内的菌落研成乳状液。将玻片倾斜摇动混合 1 分钟，并对着黑暗背景进行观察，任何程度的凝集现象皆为阳性反应。

第五节　金黄色葡萄球菌定性检验

金黄色葡萄球菌定性检验参照 GB 4789.10—2010。

一、范围

本标准规定了食品中金黄色葡萄球菌（staphylococcus aureus）的检验方法。

本标准第一法适用于食品中金黄色葡萄球菌的定性检验；第二法适用于金黄色葡萄球菌含量较高的食品中金黄色葡萄球菌的计数；第三法适用于金黄色葡萄球菌含量较低而杂菌含量较高的食品中金黄色葡萄球菌的计数。

二、设备和材料

除微生物实验室常规灭菌及培养设备外，其他设备和材料如下。

（1）恒温培养箱。（36±1）℃。

（2）冰箱。2～5℃。

（3）恒温水浴箱。37～65℃。

（4）天平。感量 0.1g。

(5)均质器。

(6)振荡器。

(7)无菌吸管。1ml(具 0.01ml 刻度)、10ml(具 0.1ml 刻度)或微量移液器及吸头。

(8)无菌锥形瓶。容量 100ml、500ml。

(9)无菌培养皿。直径 90mm。

(10)注射器。0.5ml。

(11)pH 计或 pH 比色管或精密 pH 试纸。

三、培养基和试剂

(1)10％ 氯化钠胰酪胨大豆肉汤。

(2)7.5％ 氯化钠肉汤。

(3)血琼脂平板。

(4)Baird-Parker 琼脂平板。

(5)脑心浸出液肉汤(BHI)。

(6)兔血浆。

(7)稀释液:磷酸盐缓冲液。

(8)营养琼脂小斜面。

(9)革兰染色液。

(10)无菌生理盐水

四、检验程序

金黄色葡萄球菌定性检验程序见图 7-3。

五、操作步骤

1. **样品的处理**　称取 25g 样品至盛有 225ml 7.5％ 氯化钠肉汤或 10％ 氯化钠胰酪胨大豆肉汤的无菌均质杯内,8000～10000r/min 均质 1～2 分钟,或放入盛有 225ml 7.5％ 氯化钠肉汤或 10％氯化钠胰酪胨大豆肉汤的无菌均质袋中,用拍击式均质器拍打 1～2 分钟。若样品为液态,吸取 25ml 样品至盛有 225ml 7.5％ 氯化钠肉汤或 10％ 氯化钠胰酪胨大豆肉汤的无菌锥形瓶(瓶内可预置适当数量的无菌玻璃珠)中,振荡混匀。

2. **增菌和分离培养**

(1)将上述样品匀液于(36±1)℃培养 18～24 小时。金黄色葡萄球菌在 7.5％ 氯化钠肉汤中呈浑浊生长,污染严重时在 10％ 氯化钠胰酪胨大豆肉汤内呈浑浊生长。

(2)将上述培养物,分别画线接种到 Baird-Parker 平板和血平板,血平板(36±1)℃培养 18～24 小时。Baird-Parker 平板(36±1)℃培养 18～24 小时或 45～48 小时。

(3)金黄色葡萄球菌在 Baird-Parker 平板上,菌落直径为 2～3mm,颜色呈灰色到黑色,边缘为淡色,周围为浑浊带,在其外层有透明圈。用接种针接触菌落有似奶油至树胶样的硬度,偶然会遇到非脂肪溶解的类似菌落,但无浑浊带及透明圈。长期保存的冷冻或干燥食品中所分离的菌落比典型菌落所产生的黑色较淡些,外观可能粗糙并干燥。在血平板上,形成菌落较大、圆形、光滑凸起、湿润、金黄色(有时为白色),菌落周围可见完全透明溶血圈。挑取上述菌

检样
25g（ml）+225ml 7.5%氯化钠肉汤或10%氯化钠胰酪胨大豆肉汤，均质

（36±1）℃ | 18～24小时

Baird-Parker平板，血平板

（36±1）℃ | 血平板18～24小时
Baird-Parker平板18～24小时
或45～48小时

涂片染色 | 观察溶血 | BHI肉汤和营养琼脂小斜面
（36±1）℃ | 18～24小时
血浆凝固酶试验

报告

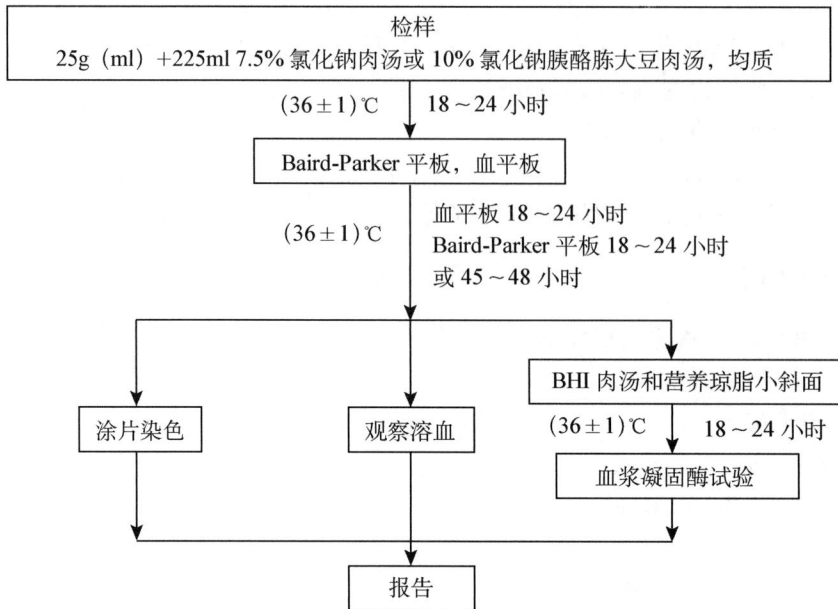

图7-3　金黄色葡萄球菌定性检验程序

落进行革兰染色镜检及血浆凝固酶试验。

3. 鉴定

（1）染色镜检。金黄色葡萄球菌为革兰阳性球菌，排列呈葡萄球状，无芽胞，无荚膜，直径为 0.5～1μm。

（2）血浆凝固酶试验。挑取 Baird-Parker 平板或血平板上可疑菌落 1 个或以上，分别接种到 5ml BHI 和营养琼脂小斜面，（36±1）℃培养 18～24 小时。

取新鲜配制兔血浆 0.5ml，放入小试管中，再加入 BHI 培养物 0.2～0.3ml，振荡摇匀，置（36±1）℃温箱或水浴箱内，每半小时观察一次，观察 6 小时，如呈现凝固（即将试管倾斜或倒置时，呈现凝块）或凝固体积大于原体积的一半，判定为阳性结果。同时以血浆凝固酶试验阳性和阴性葡萄球菌菌株的肉汤培养物做对照。也可用商品化的试剂，按说明书操作，进行血浆凝固酶试验。

结果如可疑，挑取营养琼脂小斜面的菌落到 5ml BHI，（36±1）℃培养 18～48 小时，重复试验。

六、结果与报告

1. 结果判定　符合上面操作步骤中"增菌和分离培养"第三步以及"鉴定"标准，可判定为金黄色葡萄球菌。

2. 结果报告　在 25g(ml)样品中检出或未检出金黄色葡萄球菌（表7-7）。

表 7-7 食品卫生微生物检验原始记录

样品编号：

样品名称：	样品数量：
样品性状：	检测地点：
检验日期： 年 月 日	检验依据：

检验项目：□菌落总数 □大肠菌群 □真菌和酵母菌 □沙门菌 □金黄色葡萄球菌

一、样品前处理

　　固体和半固体样品:以无菌操作称取＿＿＿样品放入盛有 225ml 生理盐水的容器中,均质,制成 1:10 的样品匀液。液体样品:以无菌吸管吸取＿＿＿样品置盛有 225ml 生理盐水的无菌锥形瓶中,充分混匀,制成 1:10 的样品匀液。

　　用 1ml 灭菌吸管吸取 1:10 的稀释液 1ml,沿管壁徐徐注入 9ml 灭菌生理盐水试管内,振摇试管,混合均匀,做成 1:100 的稀释液。另取 1ml 灭菌吸管,按上面操作方法,做 10 倍递增稀释,如此每递增稀释一次,即换用 1 支 1ml 灭菌吸管,备用。

二、检验项目

1. 菌落总数测定： 依据 GB 4789.2—2010 培养温度：

　　培养时间： 年 月 日 时 分至 年 月 日 时 分

批号-平行样号	□固体样品稀释倍数：	10 倍	100 倍	1000 倍	空白对照
	□液体样品稀释倍数：原倍	10 倍	100 倍		空白对照
	细菌菌落数：				
	菌落平均数：				

2. 大肠菌群计数： 依据 GB 4789.3—2010

　　培养时间： 年 月 日 时 分至 年 月 日 时 分

批号-平行样号	□固体样品接种量	1g×3	0.1g×3	0.01g×3	空白对照
	□液体样品接种量	10ml×3	1ml×3	0.1ml×3	空白对照
	LST 肉汤发酵试验				
	＿＿＿℃培养＿＿＿小时				
	BGLB 肉汤发酵试验				
	＿＿＿℃培养＿＿＿小时				

3. 真菌和酵母菌计数： 依据 GB 4789.15—2010 培养温度：

　　培养时间： 年 月 日 时 分至 年 月 日 时 分

称取＿＿＿样品放入盛有 225ml 无菌蒸馏水的容器中,充分摇匀,倍比稀释。

批号-平行样号	□固体样品稀释倍数：	10 倍	100 倍	1000 倍	空白对照
	□液体样品稀释倍数：原倍	10 倍	100 倍		空白对照
	真菌和酵母菌落数：				
	菌落平均数：				

4. 沙门菌： 依据 GB 4789.4—2010

　　培养时间： 年 月 日 时 分至 年 月 日 时 分

称取＿＿＿样品放入 225ml BPW 的容器中,均质。若样品为液体,不需要均质。培养后分别移取 1ml 培养物转种于 10ml SC 中和 TTB 内。培养后分别用接种环取增菌液 1 环,画线接种于一个 BS 琼脂平板和一个 HE 琼脂平板培养。

观察结果：

批号-平行样号	生长状况	阳性对照	阴性对照	检验结果
	BPW 增菌液__℃ 培养__小时	浑浊□ 澄清□	浑浊□ 澄清□	浑浊□ 澄清□
	SC 增菌液__℃ 培养__小时	浑浊□ 澄清□	浑浊□ 澄清□	浑浊□ 澄清□
	TTB __℃ 培养__小时	浑浊□ 澄清□	浑浊□ 澄清□	浑浊□ 澄清□
	BS 琼脂平板__℃ 培养__小时	浑浊□ 澄清□	阳性□ 阴性□	阳性□ 阴性□
	HE 琼脂平板__℃ 培养__小时	浑浊□ 澄清□	阳性□ 阴性□	阳性□ 阴性□

5. 金黄色葡萄球菌：　　　　　依据 GB 4789.10—2010

　　　　　　　　　　　　　培养时间：　　年　月　日　时　分至　　年　月　日　时　分

称取＿＿＿样品至盛有 225ml 7.5% 氯化钠肉汤增菌液中,经培养后,接种环分别取增菌液 1 环,画线接种于血平板和 Baird-Parker 平板培养。

观察结果：

批号-平行样号	生长状况	阳性对照	阴性对照	检验结果
	7.5% 氯化钠肉汤__℃培养__小时	浑浊□ 澄清□	浑浊□ 澄清□	浑浊□ 澄清□
	血平板__℃培养__小时	浑浊□ 澄清□	阳性□ 阴性□	阳性□ 阴性□
	Baird-Parker 平板__℃培养__小时	浑浊□ 澄清□	阳性□ 阴性□	阳性□ 阴性□

　　样品编号：

三、使用设备、标准菌种和主要试剂

1. 使用设备：

恒温培养箱　　　　　　　　　　　真菌培养箱　　　　　　　　　　　电子天平

2. 标准菌种来源、菌号及代数：

伤寒沙门菌　　　　　　　　　　　　　　　金黄色葡萄球菌

(续　表)

3. 主要试剂来源、批号及配制记录：

平板计数琼脂	月桂基硫酸盐胰蛋白胨(LST)肉汤
煌绿乳糖胆盐(BGLB)肉汤	孟加拉红琼脂
BPW 增菌液	SC 增菌液
TTB 增菌液	BS 琼脂培养基
HE 琼脂培养基	7.5% 氯化钠肉汤
血琼脂平板	Baird-Parker 培养基

所需培养基按试剂配制说明配制、分装

四、检验结果

批号-平行样编号	检验项目				
	菌落总数	大肠菌群	真菌和酵母菌	沙门菌	金黄色葡萄球菌
	CFU/ □ml □g	MPN/ □ml □g	CFU/□ ml □g	/25□ ml □g	/25□ ml □g

检毕时间：　年　月　日

检测人：　　　　　　　　　　　　　　　　　　复核人：

附录一　实验报告书写规范与原则

　　实验报告是对所做实验的总结,通过书写实验报告可以培养和训练学生的逻辑归纳能力、综合分析能力和文字表达等综合能力。因此,学生应认真书写实验报告。书写实验报告时要求实事求是,报告整洁,文字简练,真实准确记录实验结果,认真分析所做实验。

　　下面简单介绍实验报告的内容与格式。一般的实验报告由实验名称、实验目的、实验内容、设备与材料、实验步骤和实验结果组成。

一、基本信息

　　包括所属课程名称、学生姓名、学号、实验日期和地点。

二、实验名称

　　要用最简练的语言反映实验的内容,如"微生物大小的测定""细菌的革兰染色技术""显微镜的使用"等。

三、实验目的

　　目的要明确,一般需说明是验证型实验还是设计型实验,是创新型实验还是综合型实验。

四、实验内容

　　实验内容要抓住重点,内容简练,可以从理论和实践两个方面考虑。要写明依据何种原理、定律算法或操作方法进行实验。

五、设备与材料

　　实验用的设备、溶液等材料,如有微生物时应写出其学名。

六、实验步骤

　　用精练的语言写出主要操作步骤,不要照抄实习指导,要简明扼要。必要时可画出实验流程图,再配以相应的文字说明,这样既可以节省许多文字说明,又能使实验报告简明扼要、清楚明白。

七、实验结果

　　这是实验报告中重要的一部分,实验结果一定要真实记录,不能篡改实验结果。如果实验结果与正确结果有出入,应当反思出现这种状况的原因,如革兰染色实验,如果金黄色葡萄球菌的染色结果为阴性,应当分析实验过程的各个环节,考虑问题出在何处。

　　对于实验结果的表述,一般有 3 种方法。

1. 文字叙述　根据实验目的将原始资料系统化、条理化,用准确的专业术语客观地描述实验现象和结果。

2. 图表　用表格或坐标图的方式记录,使实验结果突出、清晰,便于相互比较。图表尤其适合于分组较多,且各组观察指标一致的实验,使组间异同一目了然。每个图表应有表目和计量单位,应说明一定的中心问题。

3. 曲线图　应用记录仪器描记出曲线图,这些指标的变化趋势形象生动、直观明了。

在实验报告中描述实验结果时,可从这 3 种方法中任选其中一种使用或几种方法并用,以获得最佳效果。

八、讨论

根据相关的理论知识对所得到的实验结果进行解释和分析。如果所得到的实验结果和预期的结果一致,那么它可以验证什么理论? 实验结果有什么意义? 说明了什么问题? 这些是实验报告应该讨论的,如果所得到的实验结果与预期的不一样,应当分析可能原因。

九、结论

结论是针对这一实验所能验证的概念、原则或理论所做的简明总结,是从实验结果中归纳出的一般性、概括性的判断,要简练、准确、严谨、客观。

附录二 常用溶液的配制

一、3% 酸性乙醇溶液

浓盐酸 3ml、95% 乙醇 97ml。

二、中性红指示剂

中性红 0.04g、95% 乙醇 28ml、蒸馏水 72ml。

中性红 pH 为 6.8~8,颜色由红变黄,常用浓度为 0.04%。

三、淀粉水解试验用碘液(卢戈碘液)

碘片 1g、碘化钾 2g、蒸馏水 300ml。

先将碘化钾溶解在少量水中,再将碘片溶解在碘化钾溶液中,待碘全溶解后,加足蒸馏水即成。

四、溴甲酚紫指示剂

溴甲酚紫 0.04g、0.01mol/L 氢氧化钠 7.4ml、蒸馏水 92.6ml。溴甲酚紫 pH 为 5.2~6.8,颜色由黄变紫,常用浓度为 0.04%。

五、溴麝香草酚蓝指示剂

溴麝香草酚蓝 0.04g、0.01mol/L 氢氧化钠 6.4ml、蒸馏水 93.6ml。溴麝香草酚蓝 pH 6.0~7.6,颜色由黄变蓝,常用浓度为 0.04%。

六、甲基红试剂

甲基红(methylred)0.04g、95% 乙醇 60ml、蒸馏水 40ml。先将甲基红溶于 95% 乙醇中,然后加入蒸馏水即可。

七、V-P 试剂

1. 5%α-萘酚无水乙醇溶液   α-萘酚 5g、无水乙醇 100ml。

2. 40% 氢氧化钾溶液   氢氧化钾 40g、蒸馏水 100ml。

八、吲哚试剂

对二甲基氨基苯甲醛 2g、95% 乙醇 190ml、浓盐酸 40ml。

九、格里斯试剂

1. A 液　对氨基苯磺酸 0.5g、10％ 稀醋酸 150ml。
2. B 液　α-萘胺 0.1g、蒸馏水 20ml、10％ 稀醋酸 150ml。

十、二苯胺试剂

二苯胺 0.5g 溶于 100ml 浓硫酸中，用 20ml 蒸馏水稀释。

十一、阿氏液

二水合柠檬酸三钠 8g、柠檬酸 0.5g、无水葡萄糖 18.7g、氯化钠 4.2g、蒸馏水 1000ml。将各成分溶解于蒸馏水后，用滤纸过滤，分装。灭菌 20 分钟，冰箱保存备用。

十二、肝素溶液

取一支含 12500 单位的注射用肝素溶液，用生理盐水稀释 500 倍，即成为每毫升含 25 单位的肝素溶液。做白细胞吞噬试验用。大约 12.5 单位肝素可凝 1ml 全血。

十三、pH 8.6 离子强度 0.075mol/L 巴比妥缓冲液

巴比妥 2.76 g、巴比妥钠 15.45g、蒸馏水 1000ml。

十四、1％ 离子琼脂

琼脂粉 1g、巴比妥缓冲液 50ml、蒸馏水 50ml、1％ 硫柳汞 1 滴。

称取琼脂粉 1g 先加至 50ml 蒸馏水中，于沸水浴中加热溶解，然后加入 50ml 巴比妥缓冲液，再滴加 1 滴 1％ 硫柳汞溶液防腐，置于冰箱中备用。

十五、其他细胞悬液的配制

1. 白色葡萄球菌菌液　白色葡萄球菌接种于普通肉汤培养基中，37℃温箱培养 12 小时左右，置于水浴中加热至 100℃，10 分钟杀死细菌，用无菌生理盐水配制成每毫升含 6 亿个细胞的菌液，分装于小瓶内，置于冰箱内保存备用。

2. 1％鸡红细胞悬液　取鸡翼下静脉血或心脏血，注入含灭菌阿氏液的玻璃瓶内，使血与阿氏液的比例为 1:5，置于冰箱中保存 2～4 周。临用前取出适量鸡血，用无菌生理盐水洗涤，离心，倒去生理盐水，如此反复洗涤 3 次，最后一次离心，取沉积的红细胞，用生理盐水配成 1％ 的悬液。供吞噬试验用。

附录三　常用培养基的配制

一、营养琼脂培养基

[配方]　牛肉膏 3g、氯化钠 15g、蛋白胨 10g、琼脂 20g、蒸馏水 1000ml。

[pH]　7.2±0.2。

[制法]　上述各成分加入 1000ml 蒸馏水中,经 121.3℃ 高压灭菌 20 分钟备用。

[用途]　供细菌总数测定、保存菌种、细菌纯化、一般细菌培养、血琼脂培养基基础之用。

二、蛋白胨水培养基

[配方]　蛋白胨 10g、氯化钠 5g、蒸馏水 1000ml。

[pH]　7.6。

[制法]　上述各成分加入 1000ml 蒸馏水中,过滤,分装于试管,每管 2～3ml,经 121.3℃ 高压灭菌 20 分钟备用。

[用途]　供细菌培养、吲哚试验之用。

三、半固体培养基

[配方]　蛋白胨 10g、氯化钠 5g、琼脂 2.5～3g、蒸馏水 1000ml。

[pH]　7.6。

[制法]　上述各成分加入 1000ml 蒸馏水中,加热溶解,分装于试管,每管 3～4ml,经 121.3℃高压灭菌 20 分钟备用。

[用途]　供观察细菌动力、菌种保存、H 抗原位相变异试验等。

四、营养肉汤培养基

[配方]　蛋白胨 10g、氯化钠 5g、牛肉粉(牛肉浸汁)3g、蒸馏水 1000ml。

[pH]　7.2±0.2。

[制法]　上述各成分加入 1000ml 蒸馏水中,经 121.3℃ 高压灭菌 20 分钟备用。

[用途]　供一般细菌培养、转种、复苏等,也可用于消毒效果的检测。

五、葡萄糖蛋白胨水培养基

[配方]　蛋白胨 5g、葡萄糖 5g、磷酸二氢钾 5g、蒸馏水 1000ml。

[pH]　7.0～7.2。

[制法]　上述各成分加入 1000ml 蒸馏水中,过滤,分装试管,每管 2～3ml,经 112.6℃高压灭菌 20 分钟备用。

[用途]　供甲基红试验及乙酰甲基甲醇试验之用。

六、伊红亚甲蓝培养基(EMB 培养基)

[配方]　蛋白胨 10g、乳糖 10g、伊红 0.4g、亚甲蓝 0.065g、琼脂 14g、磷酸氢二钾 2g、蒸馏水 1000ml。

[pH]　7.2±0.4。

[制法]　上述各成分加入 1000ml 蒸馏水中,摇匀,经 121.3℃高压灭菌 15 分钟,待冷却至 60℃左右倾注于灭菌平皿备用。

[用途]　弱选择性培养基,用于分离肠道致病菌,特别是大肠埃希菌。

七、S-S 琼脂培养基

[配方]　蛋白胨 5g、乳糖 10g、牛肉粉 5g、三号胆盐 3.5g、琼脂 17g、枸橼酸钠 8.5g、柠檬酸铁 1g、硫代硫酸钠 8.5g、中性红 0.025g、煌绿 0.00033g、蒸馏水 1000ml。

[pH]　7.0±0.1。

[制法]　上述各成分加入 1000ml 蒸馏水中,加热至沸腾,待冷却至 60℃左右倾注于灭菌平皿备用。

[用途]　供沙门菌、志贺菌的选择性分离培养之用。

八、中国蓝蔷薇酸琼脂培养基

[配方]　蛋白胨 10g、乳糖 10g、牛肉粉 3g、琼脂 13g、氯化钠 5g、中国蓝 0.05g、玫红酸 0.1g、蒸馏水 1000ml。

[pH]　7.0±0.2。

[制法]　上述各成分加入 1000ml 蒸馏水中,煮沸后,112.6℃高压灭菌 30 分钟,待冷却至 60℃左右时倾注于灭菌平皿备用。

[用途]　供肠道致病菌的分离鉴别之用。

九、沙保弱琼脂培养基

[配方]　蛋白胨 10g、麦芽糖(或葡萄糖)40g、琼脂 20g、蒸馏水 1000ml。

[pH]　5.5~6.0(一般不调节)。

[制法]　上述各成分加入 1000ml 蒸馏水中,煮沸后,121.3℃高压灭菌 15 分钟,待冷却至 60℃左右时倾注于灭菌平皿备用。

[用途]　供真菌的分离培养、菌种保存之用。

十、血琼脂培养基

[配方]　普通营养琼脂培养基 100ml、脱纤维羊血(或兔血)5~10ml、蒸馏水 1000ml。

[pH]　7.6。

[制法]　将普通营养琼脂培养基 121.3℃高压灭菌 20 分钟,待冷却至 50℃左右时,加入无菌脱纤维羊血(或兔血),轻轻摇匀,不要发生气泡,倾注于灭菌平皿或制成斜面备用。

[用途]　供观察某些细菌的溶血作用、分离培养营养要求较高的细菌之用。

十一、液体硫乙醇酸盐培养基(FT)

[配方]　胰酪胨 15g、L-胱氨酸 0.5g、葡萄糖 5g、酵母膏粉 5g、氯化钠 2.5g、硫乙醇酸钠 0.5g、刃天青 0.001g、琼脂 0.75g、蒸馏水 1000ml。

[pH]　7.1±0.2。

[制法]　上述各成分加入 1000ml 蒸馏水中,搅拌并加热,分装于试管,121.3℃ 高压灭菌 15 分钟备用。

[用途]　用于药品和生物制品的无菌检验,检测需氧菌、厌氧菌。

十二、马铃薯葡萄糖琼脂培养基(PDA)

[配方]　马铃薯 200g、葡萄糖 20g、琼脂 20g、蒸馏水 1000ml。

[pH]　自然。

[制法]　马铃薯洗净去皮,称取 200g 马铃薯切成小块,加水,煮沸 20～30 分钟(能被玻璃棒戳破即可),八层纱布过滤,滤液中加入葡萄糖、琼脂,充分溶解,稍冷却后再补足水分至 1000ml,分装,灭菌,冷却后贮存备用。

[用途]　用来培养和观察酵母菌、霉菌、食用菌等真菌。

十三、高氏一号培养基

[配方]　可溶性淀粉 20g、K_2HPO_4 0.5g、KNO_3 1g、$MgSO_4 \cdot 7H_2O$ 0.5g、NaCl 0.5g、$FeSO_4 \cdot 7H_2O$ 0.001g（母液）、琼脂 20g、蒸馏水 1000ml。

[pH]　7.2～7.4。

[制法]　配制时,先用少量冷水,将淀粉调成糊状,倒入少于所需水量的沸水中,在火上加热,边搅拌边依次逐一溶化其他成分,溶化后,补足水分到 1000ml,调 pH,121.3℃灭菌 20 分钟。

[用途]　用来培养和观察放线菌的形态特征。如果加入适量的抗菌药物,则可用来分离各种放线菌。

十四、察氏培养基

[配方]　$NaNO_3$ 3g、K_2HPO_4 1g、$MgSO_4 \cdot 7H_2O$ 0.5g、KCl 0.5g、$MgSO_4 \cdot 7H_2O$ 0.01g、蔗糖 30g、琼脂 20g、蒸馏水 1000ml。

[pH]　自然。

[制法]　称取上述成分加入 1000ml 蒸馏水中,搅拌加热至完全溶解,分装,121.3℃灭菌 15 分钟备用。

[用途]　用来培养和观察霉菌。

附录四　常用染色液的配制

一、吕氏碱性亚甲蓝染液

(1)甲液。亚甲蓝 0.6g、95% 乙醇 30ml。

(2)乙液。氢氧化钾 0.01g、蒸馏水 100ml。

分别配制甲液和乙液,配好后混合即可。

二、齐氏石炭酸复红染色液

(1)甲液。碱性复红 0.3g、95% 乙醇 10ml。

(2)乙液。石炭酸 5.0g、蒸馏水 95ml。

将碱性复红研磨后,逐渐加入 95% 乙醇,继续研磨使其溶解,配成甲液。将石炭酸溶解于蒸馏水中,配成乙液。混合甲液及乙液即成。通常可将此混合液稀释 5～10 倍使用,稀释液易变质失效,不宜多配。

三、革兰染色液

1. 草酸铵结晶紫染液

(1)甲液。结晶紫 2g、95% 乙醇 20ml。

(2)乙液。草酸铵 0.8g、蒸馏水 80ml。

分别配制好甲液、乙液后,混合甲液、乙液,静置 48 小时后使用。

2. 卢戈碘液　碘片 1g、碘化钾 2g、蒸馏水 300ml。先将碘化钾溶解在少量蒸馏水中,再将碘片溶解在碘化钾溶液中,待碘全溶解后,加足水分即成。

3. 95% 乙醇溶液

4. 番红复染液　番红 2.5g、95% 乙醇 100ml。取上述配好的番红乙醇溶液 10ml 与 80ml 蒸馏水混匀即成。

四、芽胞染色液

1. 孔雀绿染液　孔雀绿 5g、蒸馏水 100ml。

2. 番红水溶液　番红 0.5g、蒸馏水 100ml。

3. 苯酚品红溶液　碱性品红 11g、无水乙醇 100ml。

取上述溶液 10ml 与 5% 苯酚溶液 100ml 混合,过滤备用。

4. 黑色素溶液　水溶性黑色素 10g、蒸馏水 100ml。称取 10g 黑色素溶于 100ml 蒸馏水中,置沸水浴中 30 分钟后,滤纸过滤 2 次,补加水到 100ml,加 0.5ml 甲醛,备用。

五、荚膜染色液

1. 黑色素水溶液　黑色素 5g、蒸馏水 100ml、福尔马林(40％甲醛)0.5ml。将黑色素在蒸馏水中煮沸 5 分钟后,加入福尔马林。

2. 番红染液　与革兰染液中番红复染液配制方法相同。

六、鞭毛染色液

1. 甲液　单宁酸 5g、氯化铁 1.5g、蒸馏水 100ml、福尔马林 2ml、1％ 氢氧化钠 1ml。现配现用。

2. 乙液　硝酸银 2g、蒸馏水 100ml。将硝酸银溶于蒸馏水后,取出 10ml 备用,向其余的 90ml 硝酸银溶液中滴入氢氧化铵,使之成为很浓厚的悬浮液,再继续滴加氢氧化铵,直到新形成的沉淀刚刚溶解为止。再将备用的硝酸银溶液慢慢滴入,出现薄雾,但轻轻摇动后,薄雾状沉淀又消失,再滴入硝酸银溶液,直到摇动后仍呈现轻微而稳定的薄雾状沉淀为止。如所呈雾不重,此染剂可使用 1 周;如雾重,则银盐沉淀出,不宜使用。

七、富尔根核染色液

1. 希夫试剂　将 1g 碱性复红加入 200ml 煮沸的蒸馏水中,振荡 5 分钟,冷却至 50℃左右过滤,再加入 1mol/L 盐酸 20ml,摇匀。待冷却至 25℃时,加偏重亚硫酸钠 3g,摇匀后装在棕色瓶中,用黑纸包好,放置暗处过夜,此时试剂应为淡黄色(如为粉红色则不能用),再加中性活性炭过滤,滤液振荡 1 分钟后,再过滤,将此滤液置于冷暗处备用(注意:过滤需在避光条件下进行)。

2. Schandium 固定液

(1)甲液。饱和升汞水溶液,50ml 升汞水溶液加 95％ 乙醇 25ml 混合即得。

(2)乙液。冰醋酸。

分别量取甲液 9ml、乙液 1ml,混匀后加热至 60℃。

3. 亚硫酸水溶液　10％偏重亚硫酸钠水溶液 5ml,1mol/L 盐酸 5ml,加蒸馏水 100ml,混匀即得。

八、Bouin 固定液

1g 苦味酸可制成 75ml 饱和水溶液。苦味酸饱和水溶液 7ml、福尔马林 25ml、冰醋酸 5ml。先将苦味酸溶解成饱和水溶液,然后再加入福尔马林和冰醋酸,混匀即成。

九、乳酸石炭酸棉蓝染色液

石炭酸 10g、乳酸 10ml、甘油 20ml、棉蓝 0.02g、蒸馏水 10ml。

将石炭酸加在蒸馏水中加热溶解,然后加入乳酸和甘油,最后加入棉蓝,使其溶解即成。

十、瑞氏染色液

瑞氏染料粉末 0.3g、甘油 3ml、甲醇 97ml。

将染料粉末研磨,加入甘油,后加甲醇,放于玻璃瓶中过夜,过滤即可。

十一、亚甲蓝染液

在 52ml 95% 乙醇和 44ml 四氯乙烷的锥形瓶中,慢慢加入 0.6g 氯化亚甲蓝,旋摇锥形瓶,使其溶解。于 5～10℃下放置 12～24 小时,然后加入 4ml 冰醋酸。滤纸过滤后,贮存于密闭容器内。

附录五　常用菌种的保藏方法

　　微生物个体微小,代谢活跃,且易变异。因此,菌种的长期保藏对任何微生物工作者都是很重要的,且非常必要。

　　在保藏过程中,必须使微生物的代谢处于最不活跃或相对静止的状态,这样才能在一定的时间内使其不发生变异而又保持生活能力。众多的菌种保藏方法基本都是根据低温、干燥和隔绝空气这三个因素而设计的。

一、传代培养法

　　又称定期移植法。将菌种接种于适宜的培养基上,在最适温度中培养好后,置入 4℃的冰箱（或冰库）保存。在培养和保存的过程中,由于代谢产物的累积而改变了菌种的生活条件,结果菌落群体中的个体就不断衰老和死亡,因此需要定期进行传代培养,再保存,具体间隔时间因种而异。霉菌、放线菌以及形成芽胞的细菌 3～5 个月移种一次,普通细菌 1 个月移种一次,酵母菌 2 个月移种一次。此法不需特殊设备,但烦琐费时,而且经常移植容易引起菌种退化。此法只能作为短期存放菌种用。

二、液体石蜡法

　　又称矿物油保藏法。将菌种接种于适合的斜面培养基上培养至菌丝健壮或孢子成熟,注入灭菌的液体石蜡,使其覆盖整个斜面,其用量以高出斜面顶端 1cm 为准,再直立放置于低温（4～6℃）干燥处进行保藏。

　　由于培养物表面覆盖液体石蜡后可隔绝空气,因此降低了微生物菌体的物质代谢,延缓细胞的衰老,同时也防止培养基水分蒸发。这是一种简易的菌种保藏方法,且效果较好。产孢子的霉菌、芽胞菌、放线菌可保藏 2 年以上,有些酵母菌可保藏 1～2 年。

三、砂土管法

　　1. 砂土的制备　取河砂过 40 目筛,加入 10％的稀盐酸,煮沸 30 分钟,倒去酸水,用水冲洗至中性,烘干。

　　2. 土壤的制备　取非耕作层中性土(不含腐殖质),烘干、碾碎,过 100 目筛。

　　3. 砂土混合并分装　取 1 份土、3 份砂,混合均匀,装入试管,每管分装 1g 左右,塞上棉塞灭菌。121℃,1 小时,间歇灭菌 3 次。

　　4. 无菌检查　每 10 支砂土管抽一支,将砂土倒入肉汤培养基中,37℃培养 40 小时,若无菌即可使用。

　　5. 菌种准备　取生长良好、孢子丰满或者有芽胞的斜面菌种,用无菌水制成悬液。

　　6. 装菌　在每支砂土管中加入 0.5ml 孢子悬液,用接种针搅拌。

　　7. 真空干燥　放入真空干燥器中,用真空泵在真空度为 133Pa 下抽干水分,其时间愈短愈好,使砂土呈松散状态。

8. 保藏　放入 4℃ 冰箱或者室内干燥处保藏,每隔一定的时间进行检测。

四、冷冻真空干燥保藏技术

冷冻真空干燥保藏技术是将菌体或孢子悬液在冻结状态下进行真空干燥。由于冻干的菌种保藏在密闭的安瓿中,可避免保藏期间的污染。该技术也是长期保藏菌种的最为有效的方法之一。此法同时具有干燥、低温和缺氧三项保藏条件,在这种条件下,菌种处于休眠状态,故可以保藏较长时间。

1. 安瓿管的准备　选择底部为圆形的中性硬质玻璃。用 2% 的盐酸浸泡 8～10 小时,然后用自来水冲洗,再用蒸馏水冲洗至中性。烘干,塞上棉塞灭菌。

2. 保护剂的配制　选择适宜的保护剂按使用浓度配制后灭菌,随机抽样培养后进行无菌检查。使用保护剂主要是为了稳定细胞膜,使其在冻干过程中免于死亡和损伤。还能减少保藏过程中和复苏时的死亡。一般选用脱脂牛奶或者马血清。

3. 菌悬液的制备　选择生长良好、无污染、处于静止期的细胞或者成熟的孢子,将 2～3ml 保护剂加入该斜面内,用接种针轻刮菌苔,制成菌悬液。再用无菌带橡皮头的滴管将菌悬液分装到准备好的安瓿中,每管 4～5 滴。

4. 预冻　预冻的目的是使水分在真空干燥时直接由冰晶升华为水蒸气。为了避免保护剂或者是不慎带入培养基的影响,预冻要在 1 小时内进行。预冻温度为 −35～−45℃。

5. 真空冷冻干燥　将预冻好的安瓿管放入冷冻干燥箱内,进行真空干燥。温度在 −30℃ 以下,真空度在 66.7Pa 以下。干燥的时间可根据冻干样品的量而定,判断的标准为冻干的样品呈酥丸状。

6. 熔封　将干燥完毕的安瓿放入干燥器内,然后在火焰上将安瓿管拉成细颈,再抽真空,在真空状态下熔封。

7. 检验和保藏　用高频火花真空测定器检查其是否达到真空状态,当管内出现灰蓝色至紫色放电,说明达到该状态。检查时电火花应射向安瓿的上部,切勿直射样品。保藏在 4℃ 冰箱中,一般认为在较低的温度下(20～ −70℃)保藏对于菌种的长期稳定更好。

五、液氮低温保藏技术

液氮是一种超低温液体,温度可达 −196℃,因此用此法保藏菌种可减少死亡和变异,是当前被公认的最有效的菌种长期保藏技术之一。该方法应用范围最为广泛,几乎所有微生物都可采用液氮超低温保藏。

1. 安瓿管的准备　选用圆底硼硅玻璃制品或者螺旋口的塑料管,因该材料能耐受较大温差的骤然变化。

2. 保护剂(防冻剂)的配制　配制 10%～20% 的甘油,灭菌。使用前随机进行无菌检查。

3. 菌悬液的制备　取鲜的、培养健壮的斜面菌种,加入 2～3ml 保护剂,用接种环将菌苔洗下振荡,制成菌悬液。

4. 样品分装　用不褪色的记号笔在冷冻管上注明菌种编号,用无菌吸管吸取菌悬液,加入冷冻管中,每管加入 0.5ml 菌悬液,拧紧螺旋帽。

5. 冻结　菌种存活率与降温过程冷冻速度有关。在 0～−30℃ 之间控制在每分钟下降

1℃为宜,在－35℃以下就不需控制了。对于耐低温的微生物,可以直接放入液氮中冷冻。最好的办法是利用计算机程序控制降温装置,能很好地控制降温速率。

6. 保藏　　放入－196℃液态罐或液态冰箱内保藏。

7. 恢复培养　　利用液氮超低温保藏技术的一个大原则就是"慢冻快融"。在恢复培养时,将保藏管从液氮中取出后,立即放入 38～40℃的水浴中振荡至菌液完全融化,此过程要在 1分钟内完成。否则,会使细胞内再生冰晶或者冰晶形态发生变化而扎伤细胞。

附录六　部分国内外菌种保藏机构名称与缩写

一、国外主要菌种保藏机构

1. 美国典型菌种保藏中心(American Type Culture Collection,ATCC)

网址:http://www.atcc.org

2. 美国北部地区研究实验室(Northern regional research laboratory,NRRL)

网址:http://nrrl.ncaur.usda.gov/index.html

3. 荷兰真菌中心保藏所(Central bureau voor Schimmel cultures,CBS)

网址:http://www.westerdijkinstitute.nl/

4. 英国国家典型菌种保藏所(National Collection of Type cultures,NCTC)

网址:http://www.nctc.gov/

5. 英国食品工业与海洋细菌菌种保藏中心(National Collections of Industrial,Food and Marine Bacterial,NCIMB)

网址:https://www.ncimb.com

6. 英国国家菌种保藏中心(The United Kingdom National Culture Collection,UKNCC)

网址:http://www.ukncc.co.uk/

7. 德国微生物菌种保藏中心(Deutsche Sammlung von Mikroorganismen und Zellkulturen,DSMZ)

网址:https://www.dsmz.de/

二、国内主要菌种保藏机构

1. 中国典型培养物保藏中心(China Center for Type Culture Collection,CCTCC)

网址:http://www.cctcc.org/

CCTCC 保藏的微生物包括细菌、放线菌、酵母菌、真菌、单细胞藻类、人和动物细胞系、转基因细胞、杂交瘤、原生动物、地衣、植物组织培养、植物种子、动植物病毒、噬菌体、质粒和基因文库等各类微生物(生物材料/菌种)。

2. 中国普通微生物菌种保藏管理中心(China General Microbiological Culture Collection Center,CGMCC)

网址:http://www.cgmcc.net/

CGMCC 的宗旨是广泛收集国内外的微生物资源,妥善保存,以公开的保藏机构的名义为工农业生产、卫生健康、环境保护、科研教育提供标准化的实验材料,在保证生物安全和保护知识产权的前提下,为第三者能够自由地利用各种微生物材料提供服务,最大限度地实现微生物资源的保护、共享和持续利用。

3. 中国农业微生物菌种保藏管理中心(Agricultural Culture Collection of China,ACCC)

网址:http://www.accc.org.cn/

ACCC 是中国国家级农业微生物菌种保藏管理专门机构。农业菌种中心设有液氮菌种保藏库、冷冻干燥菌种保藏库、矿油斜面菌种保藏库。编入中国农业菌种目录(2001 年第二版)的库藏菌种有 2490 株,包括细菌、放线菌、丝状真菌、酵母菌和大型真菌(主要是食用菌),共 166 个属 510 个种(亚种或变种)。

4. 中国林业微生物菌种保藏管理中心(China Forestry Culture Collection Center,CFCC)

网址:http://www.cfcc-caf.org.cn/

CFCC 中心保藏有各类林业微生物菌株 10700 余株,包括苏云金杆菌模式菌株等细菌、食用菌等大型真菌、林木病原菌、菌根菌、病虫生防菌、木腐菌、病毒和植原体类等,分属于 392 个属 954 个种(亚种或变种)。

5. 中国工业微生物菌种保藏管理中心(China Center of Industrial Culture Collection,CICC)

网址:http://www.china-cicc.org.cn/

CICC 是我国唯一的国家级工业微生物菌种资源保藏管理中心,保藏的各种工业微生物菌种资源包括细菌、放线菌、酵母菌、丝状真菌和大型真菌,共 67 个属 251 个种,近 3000 株,库藏备份 80000 余支。

6. 中国兽医微生物菌种保藏管理中心(China Veterinary Culture Collection center,CVCC)

网址:http://www.cvcc.org.cn/

CVCC 主要采用超低温冻结和真空冷冻干燥保藏法,长期保藏细菌、病毒、虫种、细胞系等各类微生物菌种。到目前为止,收集保藏的菌种达 230 余种(群)、3000 余株。

7. 广东省微生物研究所微生物菌种保藏中心(Guangdong Microbiology Culture Center,GDMCC)

网址:http://www.gimcc.net/index.asp

GDMCC 主要从事微生物菌种资源分离、收集、保藏和应用研究。中心设有普通微生物菌种库和专业微生物菌种库,保藏有可用于科研、教学、生产的菌种约 2500 株,基本覆盖了环境、工业、农业、分析、食用、药用等真菌行业各类生产和科研用微生物,保藏的菌种具有热带、亚热带特色,其中许多优良菌株的生产性能具有较高水平。